U0005170

螞蟻
飼養與觀察

王秉誠————著

晨星出版

在很多演講中我都會問聽眾：「世界上到底有多少種螞蟻呢？」答案因人而異，但是對一般民眾而言，其實就只有兩種：「活的螞蟻」跟「死的螞蟻」。這樣的回答其實不意外，因為大家所在意的無非是家中的螞蟻很惱人，對於如何消滅這些不速之客反倒較有興趣。在這樣的氛圍下，鮮少有人真正會願意花時間觀察螞蟻，更遑論細究其生態或行為。

好在，一本足以翻轉大家對螞蟻偏見的「優良讀物」終於問世了。這本書從螞蟻的生物學，在生態系中扮演的角色，到如何成功把螞蟻變成療癒系寵物，內容安排不僅相當引人入勝，也是少數（或是唯一）可以透過極為生動的寫法把螞蟻「赤裸裸」地呈現在讀者面前的科普材料。

最重要的，我期待這本書可以起拋磚引玉的效果，有效地喚起大家小時候蹲在地上觀察螞蟻的熱情，也能吸引更多公民科學家投入這個渺小但偉大存在的世界。同時，在這個公民科學發達的年代，這本書具備成為大家的公民教科書的潛力。透過這本書，期許螞蟻不再只是一個騷擾性昆蟲的代名詞，而是大家爭先恐後投身研究的好題材。

京都大學生存圈研究所　楊景程

每個人的一生中都應該接觸過螞蟻，但願意停下來，仔細觀察的人可能不多，但我就是其中之一。小時候住在號稱台灣華爾街的台北市中心，那是棟低矮的木造日式宿舍，有前後院與許多房間，前院種花草，後院養雞鴨，房間的櫥櫃是野貓生孩子的溫床，祖母的寵物是五條北京狗，更別說隨時可見的美洲蟑螂，我可說是從小就在充滿各種動物的環境長大。幼稚園下課回到家中，最愛蹲坐在窗框旁，看一隻隻的螞蟻來回走動。有時搬運食物，使用觸角敲擊同類，但都比不上撒下砂糖後，成群出現的氣勢，當時覺得太有趣了，我在養螞蟻耶！更瘋狂的是，看螞蟻魚貫進入窗座下的小洞中，我竟異想天開的拿螺絲起子想將洞挖開，被家人發現後換得一頓臭罵，其實只為了看螞蟻的家是什麼樣子。

雖然曾開過昆蟲店，販售各種昆蟲與相關商品，卻沒想到螞蟻也能商品化。透明的容器中擺放手工製作的巢體，正面可當擺飾，翻面能自然觀察，多麼有趣，難怪吸引許多朋友加入螞蟻飼養的行列。當時還不認識秉誠，只覺得到底是誰那麼有創意，可以將飼養螞蟻變的如此精緻。某次聚會認識秉誠，就被那充滿熱誠的態度吸引，雖然只有小聊一下，了解他是「螞蟻帝國」的創辦人，成功將興趣轉型成事業，心中對他十分敬佩，因為在昆蟲相關類別創業並不容易，尤其鎖定單一類群，若沒有扎實知識、足夠的實戰經驗與成熟的商品，可說是艱難萬分！若沒記錯，秉誠在網路行銷成功後，隨即投入實體店面的營運，由這點便知道是玩真的。

本書內容豐富度自不在話下，重要的是章節的編排，由認識螞蟻生態與習性開始，讓大家對牠們有基本的認識。在飼養螞蟻的部分更有詳盡的介紹，內容圖文並茂，閱讀時我也被深深吸引。其中秉誠沒忘記保護生態的重要，提醒大家飼養時必須特別注意逃逸的問題，若因故無法繼續照顧，也要將這些小嬌客送回原購買的地方，或是找到願意飼養的人。萬一讓螞蟻跑出去，可能會對周圍環境造成影響，不可不防！如果您跟我一樣，喜歡探訪自然、觀察生物，可以由這本書開始，讓小小的螞蟻帶您進入廣大的生態世界。也祝福秉誠在夢想的道路上，持續發光發熱。

黃仕傑

螞蟻給一般人的印象，大多停留在討人厭的居家昆蟲，總覺得螞蟻就是餅乾渣掉地上時會跑來搬走的小麻煩，或是發現牠們在熱水瓶底下築窩時非常驚慌。其實螞蟻是一種具有完整社會性結構的昆蟲，牠們組織和分工的嚴謹，超乎我們想像。螞蟻不僅是一些動物的主要食物來源，牠們還扮演著清除者的角色，有效地清除許多殘渣、植物碎屑，甚至生物屍體，築巢地下的種類也同時幫助鬆軟土壤，所以螞蟻在生態系具有相當重要的功能。

　　剛認識秉誠時，就感受到他對螞蟻的喜愛、熱情與執著，也很欣賞他的積極態度。昆蟲館這兩年開始嘗試飼養和展示螞蟻，也是有秉誠的協助，得以完成展示面的規劃。開始飼養螞蟻後，發現觀察牠們活動真的還蠻療癒的，也發現一些以前沒注意過或不知道的習性，看起來就是一個人類社會的螞蟻版本。

　　這本書寫的相當詳細，幾乎就是飼養螞蟻的入門書了，也給大家一個重新認識螞蟻的機會，值得推薦！

台北市立動物園 昆蟲館　唐欣潔

台灣到底有多少種螞蟻？牠們可以活多久？蟻窩的結構到底是何種模樣？雖然昆蟲系畢業這麼多年了，但對螞蟻一直都很少正眼注意過，直到偶然的機會遇到了一位年輕人，專注地投入螞蟻的世界，居然連蟻窩都變出來了。讓螞蟻轉身變成可以飼養的寵物，不再只是家裡媽媽看到會大喊拿殺蟲劑來的害蟲身分。

這本書對大部分的人來說，是進入螞蟻世界最好的敲門磚，從生態地位、行為、食性、私密生活、螞蟻一族的生活點滴都有詳細介紹，再到飼養的訣竅、自製蟻巢、還有台灣常見的種類介紹，並貼心的依環境將種類作區別，對帶著孩子初入昆蟲世界的家長來說，更容易閱讀使用。這本書可以當成閱讀小品，也可以認真的仔細詳讀，無論如何都會增進對螞蟻的了解，就如同本書對牠們貼切的描述，渺小但偉大的存在，請大家仔細閱讀。

昆蟲、生態攝影顧問及生態作家　廖智安

你必須要讀這本書，因為你必須要認識螞蟻。

你必須要認識螞蟻，因為牠是地球上最偉大，最成功的生物。

你必須要讀這本書，因為它是由全世界最愛螞蟻的人所寫的。

因為他是最愛螞蟻的人，所以帶給你的不只是足夠的螞蟻知識，更是螞蟻的故事和靈魂。

你必須要讀這本書，因為你可以感受到螞蟻王的光和熱，你會知道當一個人找到生命的意義並且無怨無悔地投入，這是多麼偉大，多麼有感染力。

你必須要讀這本書。

台灣昆蟲館 館長　柯心平

目次

Chapter3
螞蟻飼養篇　　98

Chapter4
台灣常見飼養
物種介紹　　122

螞蟻，這種生物相信大家都不陌生，無論在家中廚房浴室、門口的花圃或樹上、公園、森林步道、溪河邊、海邊，只要我們蹲下來仔細看，最容易映入眼簾的就是這些勤勞忙碌的小傢伙們，雖說螞蟻如此常見，但牠們身形微小，很容易被人們忽略，一般大眾至今對螞蟻的了解不只是知其然不知所以然，更是連最基本的皮毛都沒有正確的認知，甚至充滿著許多錯誤的刻板印象，非常可惜。

我從小就因為父親的關係，經常被帶回他位在三峽深山裡的兒時成長環境，起初我並沒有這麼的喜歡回去，畢竟對一個小孩來說，長途跋涉蜿蜒的路途，加上對山上並沒有像對都市來的那麼熟悉。但是在我父親的帶領之下，展開了對大自然的探索，他會跟我分享他認識的動植物，從他的身後，我看到的不只是一個充滿愛的父親，無論是對兒子還是大自然；在探索的過程中也看到不同的視角，是他教會我靜下心來，用心、用雙眼、雙手、雙腳去探索與體驗、感受大自然，留意龐大世界中的每一個重要的配角，雖然渺小，但是每一個都是特殊且偉大的存在。他還教我如何接觸、愛護、照顧這些生物並該如何保護自己，以及帶回去飼養後所需負的責任，在他有能力的狀況下，總會帶著我找到我想觀察、飼養的一切，當然也會教育我並非所有生物都適合飼養，因為牠們天生就應該存在於大自然中。因此在我有記憶開始，我的家就是充滿各種動物、昆蟲、植物，簡直就像個動物園。在探索大自然的過程當中，最經常發現的就是那群高度紀律的神奇小

像伙們，不過在那時候我並沒有辦法順利的飼養螞蟻，因為資訊不夠豐富充足，直到我高中時，網路興起，才藉由各個前輩累積下來的知識、經驗，開始了螞蟻的飼養之路，隨著飼養的時間越來越長，經驗越來越豐富，思維也漸漸不同，直到就讀大學後，我開始計畫自己的未來，希望未來能夠以螞蟻為主題成立一個主題樂園，並且以螞蟻相關研究為目標運作。

　　一路以來，我試著蒐集、尋找螞蟻相關的書籍、資料，但卻經常徒勞無功，對於如此習以為常且眾所皆知的生物，不應該僅有如此稀少的資訊、書籍或研究，讓我對了解螞蟻知識有更強烈的慾望，當累積越多資料、更多飼養觀察經驗後，我深深覺得牠們應該被正確的認識及仔細的研究，並好好保護。我希望能夠透過本書推廣螞蟻的正確知識與觀念，改變一般大眾對於螞蟻的錯誤認知與刻板印象，並教大家如何飼養我們所選定相對較適合飼養觀察的螞蟻，因為並非所有螞蟻都適合人工飼養環境。透過螞蟻飼養，我們可以不受限制的觀察到野外無法清楚觀察到的螞蟻生態，而這無法觀察的部分其實才是螞蟻真正生活的地方，其中

有著更多值得觀察與研究等待我們去發掘，當越多人加入螞蟻飼養的行列，就越容易使公民科學深入發展，而最有趣的是每個不同背景、教育、性別、職業、年齡的人，所觀察到的都會有不同的解讀與思維，更能激發出更不一樣的想法與觀察結果，更快揭開螞蟻的神秘面紗。除此之外，更重要的是希望讓大家了解到，每一個生物在生態上都有其重要性與地位，當這樣的地位被瓦解時，會有新的平衡出現；但是一旦這樣的破壞無法重新平衡，則生態鏈將會逐一瓦解，而我們人類，雖然沒有直接在這個生態鏈當中，但是最終將由我們承擔自己所造成的結果。

　　不僅只是螞蟻，對於生態來說，平衡才是最重要的，而我只是以螞蟻的角度出發，告訴大家其實許多生物跟螞蟻一樣，看似渺小卻是偉大的存在，默默的影響著生態平衡，而人類偉大的地方，就在於我們可以用不同的文化、語言、食物等不同的生活方式，生存在這個地球的每一個角落，我們有思考、模仿以及創造的能力，我們有慾望思考夢想，亦有實踐夢想的能力；但是其他生物沒有，也沒有辦法像人類一樣具有極高度的適應力，能夠存

活在世界的任何角落，牠們每天所追尋的只是飽餐一頓與安頓棲息環境以求能夠生存下去，因此我們更應該以自身的能力去向大自然學習，除了藉此改善人類生活以外，最重要的是保護這些重要的一切，其為我們的起源與未來。

Nature is our source , not our resource.
大自然是我們的始源，並非我們的資源。
Look down , you will learn something more.
往下看，你可以看到更不一樣的世界。

本書獻給所有無論是想初步認識螞蟻或者熱愛螞蟻的人，並感謝所有幫助我的家人、朋友、前輩、伙伴，太多的感謝無法一一列出，但這些感謝深植我的心中，再次由衷的感謝。

王秉誠

Chapter 1

[螞蟻
知識篇]

螞蟻對你來說是怎樣的生物呢？我想不少人都
會覺得牠們是惱人可怕的噁心生物，甚至會跟
髒亂聯想在一起，但事實上真的是這樣嗎？讓
我們先從正確認識螞蟻開始，讓你慢慢地了解
到原來我們以前許多的認知都是錯誤的刻板印
象，而且會讓您對螞蟻大大改觀，甚至非常敬
佩牠們，並改變看待牠們的方式與態度。

渺小但偉大的存在

螞蟻，早在人類出現的幾千萬年前就已經出現，並且以高度社會化的生活模式廣泛分布在地球上，螞蟻在地球的生物量（biomass）極高，透過生物學家們長期累積的研究，推估世界上有著超過兩萬種以上的螞蟻物種，實際命名目前約一萬多種。在台灣，預估有超過三百種以上的螞蟻，截至目前為止，有經由學術界命名的螞蟻，就有兩百八十九種，甚至有一說法，全世界的螞蟻總數加起來，比全世界人類加起來的大小還要龐大，由此可知螞蟻對於這個世界的重要性之高，才會有如此豐富的物種含量與數量，也因為這些物種都有不同的棲息環境，演化出不同習性、行為、能力、外觀、生存方式，因此每一種螞蟻都有其研究價值，以及我們能夠學習的地方。

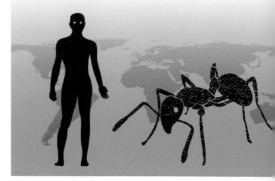

若將世界上的螞蟻加起來，總體積會大於世界上的人類總和。

至於為什麼螞蟻的重要性如此之高，就要從生態地位來看。生態角色大致可分為分解者、生產者、初級消費者、次級消費者、高級消費者（實際情況依照當地物種豐富程度而定），雖然說每一個階層都有其重要性，但是越底層的生物，其數量越多，愈堅不可破也愈無可取代，螞蟻在生態角色上，一部分物種屬於最底層的分解者角色，也有一部分是屬於初級消費者角色，這樣就可以說明其重要性與種類數量如此之多的原因。

而分解者的工作是什麼呢？其實就如同字面上的字義，是負責分解世界上的殘渣，像是屍體、食物碎屑就是一種殘渣。

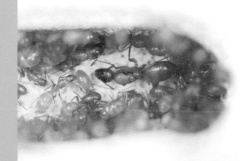

我們舉家裡的螞蟻來說，假設你在吃餅乾，餅乾屑掉到地上，我相信第一個發現的絕對會是你的媽媽（或者是女友、老婆），開始碎念你怎麼吃的時候不接著，要掉的滿地都是，但是若媽媽（或者是女友、老婆）沒有發現，最快發現的會是誰呢？沒錯！就是那群你認為惱人的螞蟻們，但是再試著想一想，若沒有螞蟻，接著會由誰來吃掉這些餅乾屑呢？可能就會由蟑螂、老鼠或其他食腐的小生物來取食，但若是這些生物都沒有出現的時候呢？就是由細菌、黴菌去進行分解了。因此，相較之下我還是喜歡媽媽（或者是女友、老婆），還有螞蟻，因為螞蟻在上述所有生物中，是對人類危害最低的（主要是感受上，並不是影響身體健康的疑慮）。

搬運著昆蟲屍體的多樣寡家蟻。

每一種分解者將會負責分解牠們相對應該分解的殘渣，對於螞蟻來說，就是負責分解昆蟲屍體，而初級消費者則是去捕食昆蟲為食，以維持生態底層昆蟲界的生態平衡，而最底層的生態平衡會進而影響上層的生態平衡。

居家常見的分解者

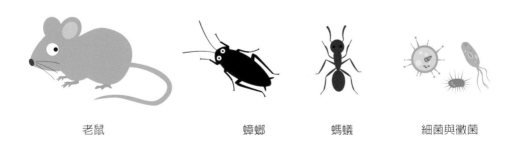

老鼠　　　　蟑螂　　　　螞蟻　　　　細菌與黴菌

除此之外，螞蟻的行為也對世界有極大幫助，有些螞蟻會搬運種子，並且也有很多螞蟻會協助植物授粉，而你知道嗎？相對於蜜蜂，世界上授粉量最多的昆蟲其實是螞蟻，由於牠們穿梭在各處，因此對植物的繁衍有很大幫助；另外，土棲型螞蟻因為往土壤深處挖掘築巢，並將底部的土壤往外搬出，頻繁程度與量，其實是遠超越蚯蚓的總和，此行為可以讓大量土壤養分達到循環作用。近期還有研究指出，某些物種的築巢過程與行為還會減少大氣中的二氧化碳含量，協助減緩地球暖化。如此渺小的生物，卻對這個地球如此重要，實為渺小但偉大的存在，但我們卻對牠認知甚少，也沒有好好的保護牠們，這些是我們需要更努力的地方。

地棲螞蟻築巢時會將深處的土壤帶至地表，達到土壤循環效果。

Point

1. 世界上預估有超過兩萬種以上的螞蟻，而光台灣就占了三至四百種。
2. 螞蟻在世界上是分解者及初級消費者的角色，對於底層的生態平衡有極大重要性。
2. 有些生物的消失是我們不易察覺的，但卻會對環境影響很大。
4. 世界上每一種生物都是渺小但偉大的存在。

生態平衡的重要性

這個地球上居住著許多不同的生物，生物經過長時間演化、適應當地環境後，在特定環境有著獨特的生存模式，舉例來說，魚經過長期演化在水裡悠遊自在，可以做到在水中呼吸、高速游動等陸地生物無法做到的行為，但前提是在水裡，而且是正確的水質環境中。當一個生物的適應性越強，才更能接受不同環境與環境變化；反之，若適應性越差，對環境要求度越高的生物，則非常容易因環境變遷而迅速死亡。

在一個穩定不受外在因素干涉的環境中，許多生物會因為不同的生態地位形成生物鏈，許多的生物鏈就會形成生物網，最後再結合成一個生態圈。每個生物的總含量極限是固定的，因為空間、食物有限制，在這個生態圈中每個角色的總數量，將會隨著出生及死亡數量變化產生浮動，但最終還是會自然而然形成完美的生態平衡。不過就像天秤一樣，只要重量稍微一個不平均就會導致天秤歪斜，在一個穩定的生物網中，這個天秤會慢慢的穩定回來，但若這個生態系受到破壞，使大量的生物死亡或被迫遷徙，導致天秤難以平衡，即是指這個生態系中許多角色消失了，僅剩下少部分能夠存活的物種活著。當生態圈中越少角色存在，這個生態就越不穩固，而生態不平衡導致部分物種或因為產生空洞，替代進來的其他物種大量繁殖造成危害，嚴重結果就是幾乎沒有任何生物得以存活。每個生態角色都有功能，一旦主要角色消失，就會被其他相同角色替代，使生態重新平衡，不過這樣的替代或平衡通常都不是好的結果。

大部分的螞蟻其實屬於適應力差的環境指標生物。每個物種都有其必須生存且適應的環境，像是住在森林的物種若森林被砍伐後，就會因為沒有棲息環境或食物來源致使無法生存而死亡，因此螞蟻並非我們想像中那麼堅強。

在許多環境受人為開發影響後，長足捷山蟻得以大量生存，進而破壞當地原始的生態平衡。

生態金字塔

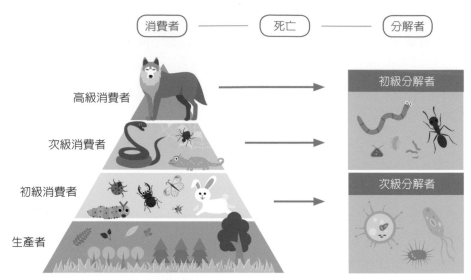

| 消費者 | ——— | 死亡 | ——— | 分解者 |

高級消費者

次級消費者

初級消費者

生產者

初級分解者

次級分解者

部分螞蟻屬於初級消
費者。圖為抓取蟑螂
為食的高山鋸針蟻。

螞蟻是世界上非常重要的初
級分解者。 照片為大黑巨山
蟻分解已死亡的甲蟲。

以上是說明環境破壞對於生態的影響，另外，若生態鏈因外來物種入侵導致對生態造成影響，這也是一種環境的破壞。

所謂的外來種，意思是指並非原本環境原生的物種。無論是非本地外來入侵，或者為本地但本來不存在於該環境下而後來入侵，這些經由人為或環境變異導致物種來到本來牠不存在的地方，並且活了下來，像是人類的空運、海運等運輸行為，任意放生或不經意夾帶，導致牠們可以到達本來無法抵達的地方，而這個地方剛好與牠原生環境相似或得以適應而存活，甚至某些物種在該環境中不具天敵且適應環境導致大量增長，牠們就會開始與本來生存在當地的原生本土物種進行生存上的競爭，或為了生存下來進行掠食行為。

因為空間、食物有限，導致原有的資源要進行競爭，使本土物種數量減少，該環境生態被破壞後重新洗牌與平衡，這樣的事情對於生物與環境長期來說是一個適者生存的概念沒錯，但畢竟不是自然形成，就會被視為一種破壞。因此，我們必須知道無論是否為本土物種，任意遺棄放生就是不正確的行為，尤其以螞蟻來說，牠們的存活沒那麼容易，因為牠們要找到對的環境築巢，且僅有蟻后具繁殖能力，更重要的是牠們的繁殖屬於一年一期，因此通常任意遺棄放生後幾乎都會死亡，然而牠們一旦生存下來，就會因環境合適而難以剷除。

入侵紅火蟻（Solenopsis invicta）：由左至右為蟻后、兵蟻、工蟻。入侵紅火蟻為世界百大的入侵物種，已經擴散至全球許多已開發國家，因其所注射的毒液會使人體產生過敏反應，嚴重更導致過敏性休克，且牠們會啃咬破壞線路系統，導致嚴重的後果，每年造成美國超過千萬美金的損害，所以被世界列為高度危害物種。

另外，還需要擔心的不只是單純的生態鏈破壞，而是因為物種入侵造成的間接影響，為我們所無法預料的，像是物種本身帶有可怕的傳染病、寄生蟲等，導致傳染至本土物種，而本土物種通常沒有辦法抵禦這些非牠原生環境所出現的傳染病及寄生蟲，因此會大量死亡。像是前陣子台灣發生走私大陸蜂，這些蜂帶有致命的高度傳染疾病，使本土野生蜂或是蜂農的蜜蜂大量死亡，而這些死亡進而影響到其他生態鏈甚至是我們人類。

總而言之，無論是環境破壞還是生態鏈的破壞，都會對該環境造成極大影響，因此我們必須好好保護這個環境，因為一旦遭受破壞便難以回復。

現在世界上的蜜蜂正大量減少，因為面臨農藥、殺蟲劑污染的空氣，還有傳染性疾病以及寄生蟲，這些都是造成飼養或野生蜂大量減少的原因。

長足捷山蟻（*Anoplolepis longipes* —Yellow crazy ant 俗稱瘋狂黃螞蟻或黃狂蟻），也是世界百大入侵種之一，但比起入侵紅火蟻，對台灣造成的生態影響更加劇烈，因為牠們可以適應的範圍更廣，並且具有超強的化學武器 ── 蟻酸，嚴重壓迫本土種的生存空間及食物來源，但比起入侵紅火蟻，卻較不為人知，入侵台灣已超過百年，目前已完全本土化。

除了超強的蟻酸以外，牠們更是多蟻后型態的物種，一個族群可能同時擁有數隻蟻后，加上適應力極強，又能同時生活在人類環境周邊及原始環境。

Point

1. 演化使生物能夠更加適應環境，但也因此限制了生物生存的環境。
2. 當一個地方的生物種類越多，生態鏈越完整也越不容易被破壞。
3. 生態中只要有一個角色受影響，會連帶影響到其他角色。
4. 真正的生態，是不被人類干預狀況下自然而然的發生。
5. 除了知名的入侵紅火蟻，長足捷山蟻也對許多地方生態造成影響。

公民科學的興起與意義

螞蟻在生物學分類上為：
動物界 Animalia
節肢動物門 Arthropoda
昆蟲綱 Insecta
膜翅目 Hymenoptera
蟻科 Formicidae

再依照每一個物種去劃分蟻屬及蟻種[※]，這樣的生物分類可以協助我們對於生物演化及辨識上有更清楚的認知，當我們將越多的物種分類命名好，這個資料庫就會越完整，一旦知道名字及分類之後，就可以去搜尋相關資料並對這個物種更加了解，因為分類就是將身體結構及習性相似的歸類在一起。而全球有許多生物學家在進行相關事項，可惜的是對螞蟻研究的螞蟻學（Myrmecology）生物學家相當少，台灣也僅有幾位教授在對螞蟻進行研究及鑑定命名。我想是因為相對於其他生物，螞蟻的研究難度比其他生物來的高。先撇開一般人對於螞蟻負面的刻板印象，除了螞蟻非常小之外，野外觀察也有一定的難度，導致在研究上資訊極少，或是許多研究無法順利進行，加上螞蟻在繁衍上限制條件較多，使得較少人對螞蟻研究感興趣。我希望透過普及螞蟻與螞蟻飼養知識，以及提升民眾公民科學的意識，讓每個人也能成為渺小但偉大的存在，最棒的是，每個人由於背景、性別、文化、專長不同，看待同一件事或者觀察同一件事會產生不同的思維，就像螞蟻分工合作一樣，透

臭巨山蟻工蟻

多樣寡家蟻

過公民科學，可以創造出更多的可能性，每個人都可以是小小科學家，我們可以一同探索螞蟻世界的奧妙，當越多人加入觀察或研究，就越多人協助解開螞蟻世界的神奇面紗。

※ 註：螞蟻跟貓、狗不同，因為大部分的貓、狗都是人為配種，因此在分類上我們稱為「品種」，但是螞蟻並無法也沒有經由人工配種，因而我們稱為「物種」。

吉悌細顎針蟻

Point

1. 螞蟻在生物學分類上為動物界（Animalia）、節肢動物門（Arthropoda）、昆蟲綱（Insecta）、膜翅目（Hymenoptera）、蟻科（Formicidae）的生物。
2. 不同人對於同一件事的思維會不一樣，透過公民科學可以激發出更多的可能性。

複雜的社會性昆蟲

在生物的生活型態上，其實可以細分非常多種類型，從獨居到真社會性昆蟲，依照其社會化型態的高低進行劃分，若不具有群居或社會結構的昆蟲，總只有自己一個過生活，就稱為獨居，如甲蟲、蝴蝶，而所謂的真社會性昆蟲，從字面意思上來說，就是具有真正社會性結構的昆蟲，類似人類一樣，我們具有社會結構與社會行為，真社會性昆蟲一樣也有相似甚至超越人類的社會結構存在，世界上僅有三種歸類在真社會性昆蟲，就是螞蟻、蜜蜂以及白蟻。

生物的生活型態

低	
↑	獨居 Solitary
社會化程度	亞社會性 Subsocial
↓	群居 Communal
高	準社會性 Quasisoial
	半社會性 Semisocial
	真社會性 Eusocial

螞蟻

蜜蜂

白蟻

在螞蟻、蜜蜂以及白蟻這三種真社會性昆蟲之間，有種微妙的相似存在，從名字來說，相信到現在還有不少人認為白蟻是螞蟻的一種，但實際上牠們卻相差甚遠，從剛剛提到的生物學分類上來看，螞蟻屬於昆蟲綱中的膜翅目（翅膀有如薄膜般）；而白蟻屬於昆蟲綱的蜚蠊目，也就是跟蟑螂同一個目，因此白蟻在演化上，其實是源自於蟑螂的祖先，跟蟑螂較為接近，自從牠們分化出社會行為後就慢慢演化成白蟻了，從身體結構也可以看出端倪。螞蟻外觀上很明顯的分為頭胸腹三節，而白蟻看起來則只有頭跟身體，胸跟腹連成一體的感覺；再來，螞蟻屬於完全變態的昆蟲，會經歷卵、幼蟲、蛹（繭）、成蟲四個階段，但白蟻跟蟑螂一樣，屬於不完全變態昆蟲中的漸進變態，卵期之後會孵化成若蟲，再經由一次又一次的脫皮長大成為成蟲，並沒有經過幼蟲及蛹（繭）期，因此跟螞蟻差異甚大。

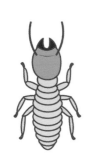

從身體結構看來，螞蟻與蜜蜂較為接近。

而蜜蜂，在生物學分類上，則相同於螞蟻，屬於昆蟲綱中的膜翅目，實際上兩者為相同祖先演化而來，都是經由非常古老的蜂慢慢演化至今，有翅膀存留的變成蜜蜂，而翅膀退化則變成螞蟻，在行為、食性上的差異也逐漸越來越大，但卻有許多結構、生理學上的相似點，像是螞蟻跟蜜蜂都屬於母系社會，所有工蟻個體皆為雌性個體，而僅有的雄性個體也就是雄蟻及雄蜂，在交配過後就不需存在於群體當中了。

白蟻與螞蟻有著截然不同的身體結構與變態方式。

Point

1. 螞蟻、蜜蜂以及白蟻為世界上三種真社會性昆蟲。
2. 螞蟻與蜜蜂源自於相同的生物演化，白蟻並非螞蟻的一種，而與蟑螂較為接近。

真社會性昆蟲

真社會性昆蟲的定義下，必須滿足四個必要條件才能被稱作為真社會性昆蟲，剛剛提到的三大類物種，就滿足以下這四個條件，這四個條件分別為：階級劃分、世代重疊、共同築巢及共同育護幼，這些條件也成了螞蟻特別的地方，值得我們觀察與學習。

條件一：階級劃分

有別於人類的階級劃分是依照權力高低進行，螞蟻則是依照先天發育上自身身體結構的差異，以進行該差異優勢下的活動，例如兵蟻先天的頭部肌肉較發達、尺寸較大，在攻擊、防禦與食物切割上更具有優勢，因而被歸類在兵蟻階級，另外一個與人類有別的地方是，我們可以隨著努力改變自己的階級，但螞蟻的每個階級是出生後就固定，不會有升階或降階的變化，唯一會改變的就只有隨著出生年齡而變化的工作內容。

多樣寡家蟻工蟻（最小的），兵蟻（右下方）及蟻后（正中間）。

多樣寡家蟻的兵蟻階級劃分，不同尺寸的兵蟻具不同的功能性，以該物種的特化兵蟻來說，蟻巢內的特化兵蟻通常擔任著儲存食物及保護巢內的作用，因此可以看到巢內兵蟻的腹部通常較鼓脹、透明。

　　如同人類的三代同堂一樣，祖孫三代居住在同一個屋簷下，就是所謂的世代重疊，在社會性昆蟲中，就是由同一個媽媽產出不同世代的後代居住在一起，形成不同世代重疊居住在同一個巢穴中，共同為這個族群努力著。

多樣寡家蟻的巢內照，可以看到許多不同階段的個體共同生活在同個空間中，上層為體型較小的卵及幼蟲，中下層為體型較大的幼蟲及蛹，顏色越深的蛹越接近羽化。

條件三：共同築巢

一般的昆蟲不一定有自己的巢穴，就算有也是自行築巢居住，少數半社會性的還會一起居住，但是多數昆蟲都是各自過生活，而所謂的共同築巢，就是在不同世代與階級下一起築巢在同一個空間，共同創造共生共存的巢穴，爲了同一個目的，也就是生存、壯大族群並繁衍後代。

築巢中的希氏巨山蟻。

築巢中的多樣寡家蟻。

條件四：共同育護幼

在族群當中，由不同世代重疊在一起的不同階級，共同創建巢穴的最重要因素，以及組成社會結構最主要的原因，就是牠們必須一起分工，共同照顧不具有自行生活能力的卵、幼繭（蛹）直到成蟲，因為這些幼蟲通常不具有足部，沒辦法自行移動覓食，也就是說，基於必須照顧這些不具有自行生活能力的幼體，才形成眞社會性的生活型態，像是人類也是種社會性動物，因為我們出生後有段時間必須仰賴父母才能夠生存，反之像蝴蝶的幼蟲毛毛蟲、甲蟲的幼蟲雞母蟲，因為可以自行生活在世界上，無需經由成蟲照料即可自行生存，就並非社會性昆蟲。

天牛也是無須經成蟲照料即可生存的非社會性昆蟲。

工蟻會叼著自己所照顧的卵堆或幼蟲，並不會搞混誰照顧誰，這樣才不會有照顧上交接的問題。

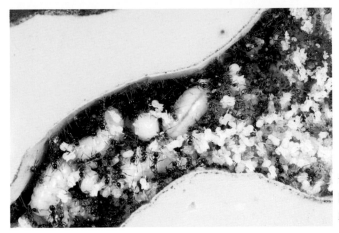

多樣寡家蟻工蟻群一
同在同一個空間照顧
卵、幼蟲。

橫紋齒針蟻工蟻群一
同在同一個空間照顧
卵、幼蟲。

Point

1. 形成真社會性昆蟲的最主要原因是幼蟲無法自行生活，必須仰賴
   成蟲照顧，因此需要形成社會結構，透過分工來照顧弱小且無法
   自行生存的後代。

2. 真社會型昆蟲的四個特點：階級劃分、世代重疊、共同築巢以及共
   同育護幼。

螞蟻的基本構造

台北巨山蟻蟻后側面圖

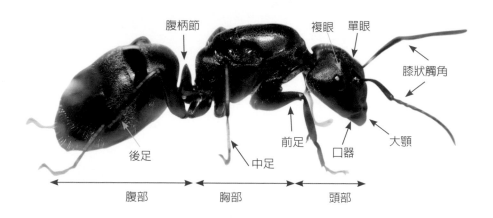

腹柄節　　複眼　單眼　膝狀觸角　後足　中足　前足　口器　大顎

腹部　　胸部　　頭部

　　螞蟻也是昆蟲的一種，昆蟲的定義有以下幾點：第一是有三對足（六隻腳）；第二是身體結構分為頭部、胸部、腹部。除此之外，我們若要分辨眼前的生物是不是螞蟻，外觀上可從一些特徵來看，像是螞蟻與一般昆蟲不一樣的地方在於胸部與腹部間有個比較特殊的構造，叫做「腹柄節」。

　　另外，世界上所有昆蟲都有獨特的觸角型態，螞蟻同樣也有獨自的一種觸角型態，我們稱為「膝狀觸角」，也就是像膝蓋彎曲般，呈現 L 形，這是辨認螞蟻的其中一個重點，因為世界上只有螞蟻為膝狀觸角。最後，可

從照片注意觀察到，螞蟻的六隻腳都在胸節上，這也是辨認重點之一，因為有些生物會模仿螞蟻的外型，但實際上牠並不是螞蟻，因此我們可由這三個特點來做綜合判斷。

　　在結構上，每一種螞蟻都有獨特的大顎結構、頭型、胸型、腹型甚至觸角、足部的節數、腹柄節外觀等等，依照棲息環境演化出不同的功能性，而螞蟻的大顎重要性極高，就如同我們的雙手一樣。另外有些螞蟻的頭型具特殊用途，演化出平面且非常堅硬，能夠堵住巢口以避免被其他螞蟻或生物入侵，實在非常神奇有趣。

每種螞蟻都演化出屬於自己的外觀，包含體型、體色、大顎形狀、身形與足部長度、體毛多寡等，且都有各自獨特的生存之道。

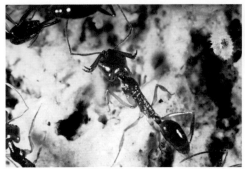

台灣顎針蟻

厚背刺家蟻

多樣寡家蟻

希氏巨山蟻

白疏巨山蟻

甜蜜巨山蟻

●常見被誤認為螞蟻的生物

蟻蛛，常見的掠食者，會模仿螞蟻的外型與行為。
廖智安／攝

絨蟻蜂，具有螫針、單個體生活的蜂。
廖智安／攝

Point

1. 螞蟻的觸角為膝狀觸角。
2. 腹柄節為螞蟻獨特的身體結構。
3. 螞蟻三對足皆位於胸節上。

螞蟻的完全變態

昆蟲的成長分化分為不完全變態與完全變態，螞蟻屬於完全變態的類型，這點許多人都不清楚，因為以往只看到螞蟻的成體跑來跑去，很少看到螞蟻的小時候，僅有在螞蟻搬家遷徙時，才有機會看到牠搬運著這些卵及幼繭移動。然而縱使有人看到，乍看或許也會以為是螞蟻在搬運食物。

所謂完全變態的昆蟲，意思是從幼體到成體會有截然不同的外觀，也必經以下階段：

螞蟻的完全變態

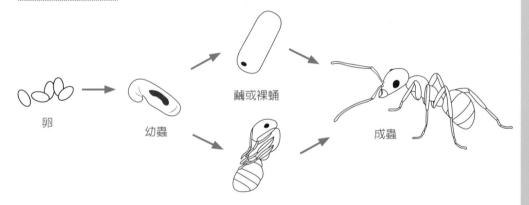

卵   幼蟲   繭或裸蛹   成蟲

卵期

每一種螞蟻的卵都有不同外型與顏色，最常見的外型為橢圓形，另外也有正圓形及細長形，而最普遍的顏色則是乳白色及淡黃色，較特別的還有粉紅色跟粉橘色。工蟻經常會將成堆的卵夾在大顎上，而負責攜帶著卵堆的工蟻就是照顧這堆卵，在照料上除了保護卵堆安全以外，還要定期的舔拭，以讓卵保持乾淨與適當溼度，才能不受細菌、黴菌的侵害。

蟻后產下卵之後會交由工蟻照料。

搬運卵堆的狂蟻工蟻

幼蟲期

　　幼蟲期是完全變態昆蟲唯一會逐漸長大改變體型大小的階段，也是決定未來發展階級的階段。幼蟲外型有的呈現光滑的細長型，有的則像是薏仁並帶有軟刺，無論哪一種螞蟻的幼蟲，都不具外骨骼保護，非常脆弱也無法自行覓食，因此需要工蟻細心的照顧與保護。除此之外，工蟻還會定期舔拭、塗抹分泌類天然抗生素以保護幼蟲不受細菌、黴菌的侵害。螞蟻的幼蟲在成長過程中，會經過五次的蛻皮成長，每一次蛻皮就會大一個尺寸，每個階段的成長我們稱為齡，第

一齡我們稱為弱齡，是剛從卵孵化，因此尺寸最小，而第五齡則是最大，會吃到最撐最飽後開始準備吐絲結繭化蛹。

　　螞蟻的幼蟲不具有足部，因此無法自行移動覓食，牠們是經由工蟻的協助才得以順利取食，有一部分的幼蟲是直接由工蟻餵哺嗉囊中的食物；而肉食性的物種，則是由工蟻外出掠食，將獵物帶回後拆解並放置在幼蟲身上，這些幼蟲就會以口器在獵物上大快朵頤，兩者有著截然不同的進食模式。

高雄巨山蟻照顧餵養幼蟲。

橫紋齒針蟻工蟻將抓回來的獵物分解後，放在幼蟲身上讓其自行進食。

幼蟲體內較深色的部分除了是臟器外，也包含牠所進食東西的顏色。

蛹（繭）期

當幼蟲成長至第五齡，逐漸把結繭化蛹需要的養分準備齊全後，就開始吐絲，將自己包起來。大部分的幼蟲可以很順利的吐絲自行將身體包裹起來，但是少部分的螞蟻，必須經由工蟻的協助，將輔助結繭物質，如沙、土或昆蟲屍體殘渣等平均放置在幼蟲身上，讓牠們得以藉由連接這些附著物而順利結繭成功。另外，並不是所

有螞蟻的幼蟲都會吐絲結繭才能化蛹，在生物學分類上，家蟻亞科物種的幼蟲不須吐絲結繭就能化蛹，由於蛹直接裸露在外面，因此我們稱「裸蛹」。

大部分的針蟻在幼蟲要結繭前會協助將沙土、碎屑放置在幼蟲身上，使幼蟲能夠順利沿著這些包覆物吐絲將自己包裹起來（橫紋齒針蟻）。

在繭的其中一端會看到黑黑的點，那是幼蟲在準備化蛹前的最後一次排泄，因此會形成黑色的排泄物點（甜蜜巨山蟻）。

家蟻亞科的幼蟲皆不需吐絲即可直接化蛹（多樣寡家蟻未來的蟻后）。

成蟲期

　　當蛹逐漸形成螞蟻外型並成熟後，負責照顧繭的工蟻就會用自己的大顎咬開繭的外皮，協助裡面的蛹慢慢羽化出生，因為牠們並不能自行從裡面打開自己的繭，這也是為什麼螞蟻要形成社會性昆蟲的原因之一。若沒有其他工蟻的協助就無法順利脫繭，當然，裸蛹的個體就不需要經過這樣的協助。剛被拖出來的新生個體還不太會動，隨著時間慢慢羽化完成後，會有一段靜止期，好像是剛睡了一個長覺後需要時間甦醒，這時候你會發現牠們身體的顏色非常地淺，那是因為這時候的外骨骼尚未硬化，這個顏色會隨著時間，待外骨骼硬化之後而變回個體該有的顏色，我們平常看到的螞蟻，就已經是成蟲期了。另外，螞蟻一旦成蟲，體型跟階級就不會有所改變，這是一般人經常誤會之處。

剛羽化的個體會呈現較淺白的顏色，外骨骼隨著時間硬化後就會呈現正常螞蟻的顏色（橫紋齒針蟻）。

臭巨山蟻成蟲個體（工蟻）。

Point

1. 螞蟻是一種完全變態的昆蟲，會經過卵期、幼蟲期、蛹期及成蟲期。

2. 完全變態昆蟲唯一會改變身體尺寸大小的期間為幼蟲期，成蟲後不會再脫殼或成長。

3. 螞蟻的幼蟲會經過五次蛻皮成長，因此分為五個尺寸大小。

4. 大部分的螞蟻幼蟲也是會吐絲結繭化蛹，只有家蟻亞科的物種不需要吐絲結繭即可化蛹，因此稱為「裸蛹」。

5. 每個階段其成長速度以溫度決定，幼蟲期也會因為進食率影響成長速度。

螞蟻的生命週期

　　螞蟻的成蟲期間相較於其他昆蟲來說不算短，依照體型大小、勞動程度及階級決定，體型越大的個體壽命會越長，但相對的，在前面成長周期所需要花費的時間也會增長許多。

　　通常我們比較會在意的是工蟻、兵蟻及蟻后的壽命，我們舉臭巨山蟻的例子來說，一個個體 6 ～ 8mm 的新生工蟻，從卵到成蟲的時間在最適溫度下約一個月左右，成蟲後平均壽命約半年，而成長到 10 ～ 12mm 的工蟻個體，卵到成蟲時間約為兩個月左右，可以活上一、兩年，12mm ～ 14mm 左右的特化工蟻卵到成蟲要三個月以上，但是可以活上三年，而蟻后由於體型最大，臭巨山蟻的蟻后約為 16mm 左右，雌蟻的成長時間有時候會超過三個月，但是一隻交配過的蟻后壽命極長，臭巨山蟻的蟻后可以活超過二十年之久！而不管哪一個物種，族群當中壽命最短的就是雄蟻了，因為牠們在交配季節前才被產出，交配後不久就馬上死亡，而出巢沒有交配的雄蟻個體，最多也只有一周的壽命。

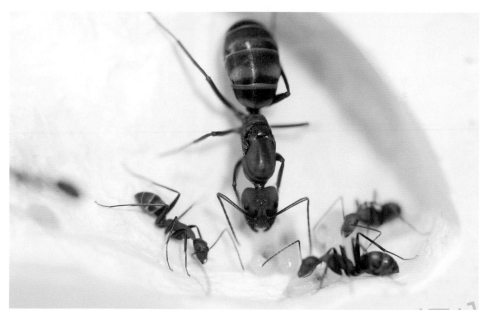

臭巨山蟻的蟻后壽命可超過二十年之久，族群壽命會高於蟻后的壽命，當蟻后死亡，族群不會立刻消失，而會等所有個體壽命都到終點才完全滅巢。

當然影響壽命的原因有許多，撇開掠食者或天災等外來因素，個體先天差異或是否有過度行為也是影響個體壽命的原因。一旦個體有過度行為，就會折壽使其縮短原有的生命長度，也就是對昆蟲來說，過度消耗體力會增加牠們身體的代謝，使其壽命縮短，牠們並不像動物一樣，可經由適度運動增強自己的身體健康與壽命，所以在螞蟻不需要工作時，就會靜止待命等待條件觸發牠的行為。而族群中蟻后更少動，因為牠的工作只有生產而已，所以通常是停止不動在巢裡休息，若蟻后或蟻群一直焦躁動來動去反而是不正常的。因此不動代表沒有工作正在休息，牠們是條件觸發行為的生物，可別誤會蟻群不動就是不健康。除此之外，在季節轉換時，螞蟻們也會改變自己的行為與代謝，像是冬天時螞蟻不像溫體動物可保持體溫，節肢動物的體液流動速度會因溫度

降低而減慢，因此反應速度也跟著下降，使得牠們在冬天的行為會減少，以降低代謝讓自己處於靜止狀態，減緩飢餓頻率，但以台灣的螞蟻來說，在冬天出太陽回暖時，部分物種還是會外出覓食，而有些螞蟻則會完全進入休止期，待適合的溫度狀況下才開始恢復行為。溫帶地區的螞蟻甚至會進入休眠期，也就是所謂的「冬眠」，以度過寒冬，除減少飢餓外也可延長自身的壽命。很多人以為螞蟻儲存食物是為了要度過冬天，其實儲存食物的那些物種其所在環境冬天是非常寒冷的（都是會冬眠的物種，且冬眠時並不進食），儲存最重要意義在於確保巢穴的食物是足夠的，如此一來野外找不到食物時還可以吃巢裡儲存的食物。

台灣的螞蟻由於居住環境、氣候關係，沒有冷到需要冬眠，因此像是巨山蟻屬、山蟻屬等物種會暫時儲存食物在腹中胃前方的囊中，當天氣冷時會降低身體的代謝與活動，僅消化腹中儲存的食物，待寒流走後回暖再外出覓食。

最後一個影響壽命的最重要因素是先天且無法改變，也就是經由基因決定體質的優劣與否，若先天的基因並無缺陷，在無環境、外力等其他因素影響下，則可以活較長的時間；相反的，若天生的體質較差，則在新后期及創巢初期就會早亡，早亡的原因除了先天異常以外，還有可能因為體質較差導致較容易被寄生或生病而死亡。在判斷依據上，通常蟻后體質較差的狀況，在新后期間就會死亡而自然淘汰，或者是在發展過程中，蟻后的突然死亡是在卵幼蟲與工蟻都正常運作狀況下，我們通常也會推斷可能是由於先天體質導致，因為若是環境或維護等問題，則是由卵幼蟲及工蟻先行死亡或出現異常，原因為這些個體對於環境與病原的耐受性通常不會比體型大的蟻后來的好。

有時會遇到卵幼發育正常且工蟻安然無恙，但蟻后卻突然死亡，這種狀況通常並非是飼養出了問題，比較偏向是個體體質所致。

Point

1. 螞蟻的壽命比我們想像中還要長上許多，體型越大壽命越長，大型蟻的蟻后壽命可以超過二十年，工蟻、兵蟻則半年至三年左右。
2. 勞動程度會影響壽命長短，因此螞蟻沒工作就會靜止休息。蟻后由於僅負責產卵，所以平常都會靜止在巢內休息。
3. 台灣大部分的螞蟻冬天不會冬眠，僅會在低溫來襲時休眠，待天氣好轉還是會外出覓食。
4. 休眠與冬眠的目的在於降低代謝與活動，以度過寒冬。
5. 除了體型大小與勞動程度，另一個影響壽命的因素就是先天體質的優劣。

螞蟻的溝通行為

　　相信大家都有這樣的經驗，明明食物才放在桌上一下子，螞蟻很快就列隊來享用。究竟螞蟻是怎麼溝通，可以在短時間如此有效率地找到食物呢？事實上牠們是各自分散外出尋找食物，這樣的分散不容易被注意到，但一旦一隻找到食物之後，就會以最短路徑回巢「招募（Recruitment）」巢內負責覓食的其他夥伴，並在路徑上留下牠們的語言「蹤跡費洛蒙」。負責覓食的其他夥伴接收到這個訊號後，跟著路徑反方向前進就能找到食物，也因此路徑上會形成螞蟻列隊，忙碌的在同一條路線上來回走動，每一次走動都會使這條蹤跡費洛蒙的氣味更佳濃厚，螞蟻也就更緊密的沿著這條路線來回進食。一旦食物沒了之後，螞蟻不再沿著這條路徑來回走動，這條路線的蹤跡費洛蒙就會因為時間而淡化。

　　每種生物都有獨特的溝通方式與行為，以人類為例，我們會用言語當作主要的溝通方式，再搭配語氣、表情、肢體動作，產生不同的意義，但昆蟲並不像人類可透過發聲產生語言進行溝通，牠們主要的語言是氣味，也就是所謂的費洛蒙（Pheromones）。每一巢螞蟻都有屬於自己獨特的費洛蒙，藉此牠們可分辨彼此是否來自於同個族群，並藉由不同條件觸發牠們不同部位的腺體，以釋放相對應意義的費洛蒙來傳達訊息，而為什麼螞蟻如此仰賴這種溝通模式，其實可從牠們的生活方式看出。由於螞蟻居住在光線無法抵達的暗處，因此視覺不具任何意義，掠食者通常也無法在沒有視覺的狀況下掠食，但氣味不受光線影響，依舊可順利運作，所以螞蟻才會如此仰賴這種溝通方式。總歸來說，人類的溝通是利用嘴巴說出語言，用耳朵接收聲音後，大腦理解語言所代表的意義，而螞蟻就是利用身上不同腺體，釋放不同意義的費洛蒙氣味表示語言，而以觸角接收氣味後傳遞至大腦分析所代表的訊息。

找到食物的工蟻們會形成一條路徑回家，並在路徑上留下蹤跡費洛蒙通知巢內的夥伴沿著這條路線就可以找到食物。

螞蟻搜尋食物的方式

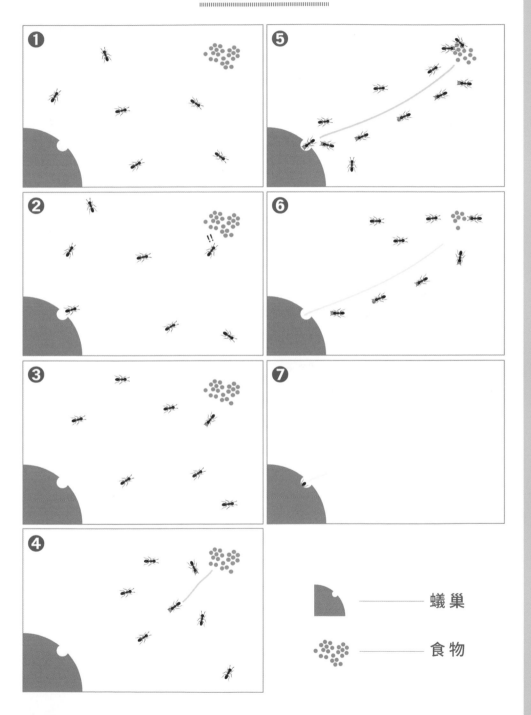

蟻巢

食物

螞蟻的溝通方式

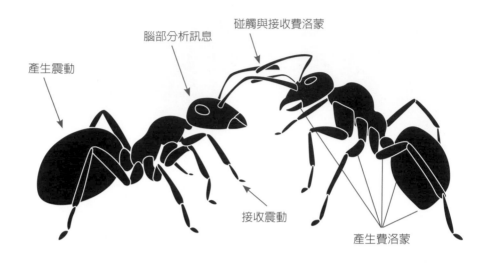

產生震動

腦部分析訊息

碰觸與接收費洛蒙

接收震動

產生費洛蒙

　　螞蟻利用費洛蒙進行溝通，是以簡單的形式但卻複雜的變化，以達到非常多不同的組合與結果。舉例來說，「標記」對於螞蟻來說，一樣是標記，但是透過不同部位的腺體釋放出來後，就代表不同的標記意義，如標記食物、標記獵物、標記威脅、標記路徑等，一旦其他的螞蟻利用觸角接受到這個費洛蒙時，就可以立即分析該費洛蒙所代表的意義後做出相對應的反應與行為。

　　另外，對於螞蟻來說，並無像人類或動物一樣有太過複雜的情緒，牠們單純只有生存及條件上所產生的情緒，比如說遇到危險時會緊張、驚慌、憤怒，相對來說在沒有危險時就是安穩、冷靜，不會有明顯的開心或難過等情緒表現，因而在溝通上就相對單純的多。

標記

攻擊的標記腺體是位在大顎的大顎腺，當螞蟻咬上去時就會直接分泌。

螞蟻身上的重要腺體

大顎腺　　　後胸側板腺　　　臀腺　腹板腺　　毒腺　　杜佛氏腺

1. 大顎腺

　　腺體位在大顎下口器位置，透過咬住獵物或威脅者後，從口器分泌標記在牠們身上，其他的同伴藉此一同攻擊被標記個體，這也是為什麼一旦你被螞蟻咬過之後其他螞蟻都知道你在哪裡的原因。

2. 後胸側板腺

　　此為螞蟻生存非常重要的腺體之一，螞蟻能夠生存在裸露原始環境中，保護族群以及脆弱的卵、幼蟲、繭（蛹）不受細菌黴菌侵害，都是源自於此腺體能夠分泌類抗生素物質，另外還有標記跟防禦的警示功能。

3. 臀腺

　　位在腹部的節間間膜中，在螞蟻進行移動相關行為時會利用此腺體分泌蹤跡費洛蒙後沾點地面，像是覓食過程中、行進中聚集、交配時釋放以吸引另一半等。

4. 毒腺

　　位在腹部末端，螞蟻的毒腺為螫針或蟻酸腺孔分泌，兩者為相同位置的腺體，但經演化後部分物種沒有螫針，該腺體演化為蟻酸腺孔，這個腺體通常在攻擊或受攻擊必須防禦時釋放，會促使周遭的同伴警戒及做出相對反應，若分泌標記在攻擊個體上，則同伴會依照工作內容有遠離此個體的警戒或者攻擊此個體的指令，除了引導該狀況下適當的移動路徑之外，也有鎖定目標攻擊的指令，視標記位置及接受訊號個體的工作分配而定。

5. 杜佛氏腺：

　　同於毒腺，此腺體也位處腹部末端，通常會與毒腺一起分泌，伴隨著螞蟻的身體震動釋放，可以達到驅趕外來入侵者的功能，同時警告同伴有入侵者訊號，就好像我們的警報器，當警報器響時，引發警報的人會被嚇跑，也可以告知同伴有人引起警報器，要提高警覺，因此也會有聚集標記的功能；在交配時，這個腺體同樣具有性吸引功能。

氣味以外的訊息傳遞方式

■ 觸角敲擊

　　除了氣味，其實螞蟻也會有其他的訊息傳遞方式，例如觸角的接觸敲擊，除了能夠達到同伴識別，這樣的持續接觸敲擊也會促使同伴分享腹中的食物，一旦要求方停止敲擊，給予方就會停止分享食物，這樣的行為稱為「交哺」。

螞蟻的交哺行為。

觸角的敲擊在螞蟻溝通行為中算是非常普遍，只要兩隻螞蟻彼此經過，就會敲擊觸角以辨識敵我，除此之外，隨著敲擊的次數、力道及伴隨的費洛蒙，還可以有不同的意義出現，比如說最常見的螞蟻交哺行為，在螞蟻需要跟對方索取食物時，就會利用這種方式持續敲擊食物供給者，請牠從牠的嗉囊，也就是所謂社會性的胃，反擠壓出儲存的食物，再讓自己吸回去，這種方式也是經由長時間演化出來的，而其所帶來的好處與意義在於能不用出動所有的螞蟻即可去蒐集並帶回、儲存食物在肚子中，除了能降低外出工蟻的數量及所產生的風險外，還能讓吃進去的食物有時間產生反應，若為有毒物或不良影響，則吃到的螞蟻就不再分食下去，避免連鎖反應使群落滅亡，這也是為何市面上利用此種方式的螞蟻藥效果有限之原因。

除此之外，螞蟻另一個非常厲害的基礎生存能力是可以徹底和有效的探索大面積空間，甚至能清楚了解空間的大小，牠們就是利用費洛蒙與觸角敲擊兩種方式的結合，以個體間的互動為基礎來改變各自的移動路徑。當兩隻螞蟻移動中遇到彼此會進行觸角敲擊辨識，如果越小的空間，同樣的螞蟻數量產生之觸角辨識會越頻繁（或者同樣空間下，越多的螞蟻同時在同一空間進行，產生觸角辨識會越頻繁），當觸碰辨識後這兩個個體馬上會進行不同路徑的改變，通常是呈現迴旋、弧狀或隨機移動，使空間探索更加徹底，最後訊息共享以辨識空間的大小或空間的探索。

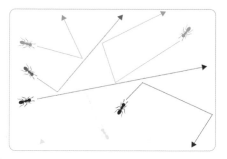

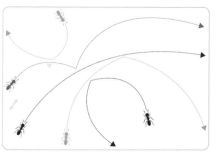

螞蟻路徑探索模式會隨著個體間的移動調整自身路徑。

■ 腹部敲擊

這樣的敲擊行為會產生震動及聲響，部分的大型巨山蟻、棘山蟻會以此方式警示巢內的夥伴有危險，同伴可更快的接收到訊息進行反應，這樣的敲擊聲若敲擊在木頭上，會發出我們也聽得到的咚咚聲，由此可知牠們的腹部非常地堅硬。

部分巨山蟻及棘山蟻定點警戒時會拱起腹部，達到高度警戒狀態，可隨時釋放警戒、攻擊費洛蒙，或者敲擊地面警告同伴。

Point

1. 螞蟻是利用身體各個部位的腺體，散發代表不同意義的費洛蒙作為溝通的語言，再利用觸角接收氣味訊息，然後腦袋分析訊息所表示的意思後進行條件反應。

2. 由於螞蟻居住在暗處，視覺會受光線影響而無法作用，因此演化出靠氣味來進行溝通的方式，因為氣味的運作不受光線影響。

3. 觸角敲擊可以作為辨識同伴及與同伴索取食物的方式。

4. 螞蟻利用大量個體分散的方式隨機或迴旋移動，進行地毯式搜索，使牠們可以更徹底的探索環境、覓食以及了解空間大小。

螞蟻的階級劃分

螞蟻這樣的社會性昆蟲與一般生物最大的不同就在於牠們有著明確的階級劃分（Caste system），在同一個族群當中可以發展出不同的階級去滿足各個工作分配的需求，是其他生物沒有的特點，每個階級有牠先天優勢或者先天器官發展不同，執行該優勢下該做的事，但有別於人類的階級，牠們並無高低位之分，且行為上無支配性，完全依照條件進行工作分配與執行，而所有行為皆只有一個中心目標，就是壯大蟻群、擴展族群基因，跟我們以往認為是蟻后操作指揮著整個族群的想法有極大差距，這樣的意識是其他生物無法比擬的犧牲與奉獻，一旦出生後自己屬於哪一個階級，就會一生奉獻該階級該做的事，直到死去為止。

繁 殖 階 級

蟻后

雌蟻
（或稱處女蟻后）

雄蟻

勞 務 階 級

兵蟻

工蟻

蟻后

　　蟻后是在族群中唯一有完整卵巢結構，具交配產卵繁殖下一代能力的階級，為族群的創立者，所有的後代皆由蟻后產出，在創立初期，牠會自己撫養自己產出的卵幼直到第一批工蟻孵化為止，但是跟我們想像不一樣的地方是，當工蟻出生之後，蟻后在族群中就僅有負責產卵的工作，並不具有支配蟻群做事的能力，這點是許多人常常誤會的。

　　蟻后在這五個階級中身形最巨大，尤其是胸部與腹部，胸部的部分由於交配時需要飛行能力，因此肌肉會較發達；而腹部則因為有卵巢與儲精囊，因此也會較粗大。在辨識階級上，我們經常以這兩個身體結構做判斷。

臭巨山蟻蟻后。

雌蟻（或稱處女蟻后）其實就是尚未進行交配行為的蟻后，所以身上會帶有交配時需要用到的翅膀，在族群中不具有任何工作能力，只有不斷的被工蟻照顧餵食，等到一年一度的交配季節時才出巢交配，因此在族群中並不會常出現，僅有在交配季節前夕才會被培養出來。

在階級當中跟蟻后具同樣體型與外型，唯一的差別為是否交配過。

臭巨山蟻雌蟻

雄蟻是螞蟻族群中唯一的雄性個體，是蟻后經由未受精減數分裂產出的卵成長出來之個體，在族群中不具任何工作能力，只有不斷的被工蟻照顧餵食，等到一年一度的交配季節時才出巢交配，因此在族群當中並不常出現，僅有在交配季節前夕才會被培養出來。雄蟻在族群當中壽命最短，交配過後短時間內就會死亡，沒有交配的個體也會在一周內死亡。

在族群當中雄蟻的體型通常較小，尤其是頭部，且觸角較不像膝狀的觸角，因為頭部小加上觸角直直的，看起來有點像蚊子；胸部也因為具有翅膀，交配時需要飛行能力，因此肌肉較發達粗壯；腹部由於交尾時需要彎曲，因此較細長，以便往下彎與雌蟻進行交尾。

臭巨山蟻雄蟻

兵蟻在族群中所擔任的角色就如同我們的軍人一般，主要負責攻擊或防禦等工作，另外有物種的兵蟻會協助食物切割、儲存倉庫等功能，在比例上，是族群第二多數量的階級，而之所以會有比例上的差異，是因為兵蟻通常是需要經由工蟻照顧、餵食，

因此會與工蟻數量有正相關，當工蟻數量越多時，就越有機會產出兵蟻。

兵蟻在外型上最特別的就是頭部，由於先天頭部肌肉較發達、尺寸較大，因此大顎較大且咬合力強，這樣的頭部會是在所有階級當中最大型的。

所謂特化兵蟻是在族群一定規模下會產出比一般正常兵蟻頭部來的更粗壯的個體，使咬合力更強，加強了防衛及切割食物能力；腹部也比較大，可儲存更多食物，較年輕的會在巢內做為食物儲存的個體，較老的個體則在外保護覓食的蟻群或負責攻擊獵物。

有些物種由於棲息環境或取食方式的關係不需要兵蟻階級，因此沒有兵蟻。

多樣寡家蟻特化兵蟻（左）及工蟻（右）。

工蟻

　　工蟻在族群當中是極重要的存在，因此你會發現不管哪一個物種，都是工蟻最多，原因就是牠們所負責的工作是最重要的，包含覓食、偵查、築巢、清潔、照顧卵幼、蟻后，所有工作都是基礎但卻很重要，就好像人類世界一個企業當中，基層員工數量最多一樣，但特別的地方在於族群當中沒有單一決策者，所有的工蟻「群」才是主要的決策者。

　　工蟻的體型較小，但頭胸腹比例均勻，沒有哪個部位特別大。有些物種如巨山蟻，會發展出不同體型的工蟻，而牠們就好像放大版、功能進化版的工蟻一樣，因此在巨山蟻當中，我們比較會稱之為特化工蟻，而非兵蟻，較為妥當。

特化工蟻

　　特化工蟻的定義是所做的工作內容與工蟻相同，但身體結構、尺寸上與工蟻差異較大，如同兵蟻一樣會出現個體較大且頭部肌肉較發達的狀況。通常僅有巨山蟻會出現這種狀況，但因巨山蟻不需掠食，因此這些特化工蟻的工作其實跟工蟻一模一樣，然而被稱做兵蟻較為不妥。對於巨山蟻來說，特化工蟻出現特化的目的就是因為頭部肌肉更發達，咬合力更強可以讓築巢或切割食物更容易；身體的體型更大是因為腹部能儲存的食物量會更多更有效率，當然大個體的防衛能力也較強、壽命相對也較長。

臭巨山蟻工蟻

臭巨山蟻特化工蟻

螞蟻透過這樣的階級，去完善並壯大一個族群，神奇的是，蟻群可以自行控制接下來需要發育的個體是何種階級，所以才會形成工蟻數量最多的結果，因為若無法由族群控制，是隨機產生階級的話，一旦所有發育的個體都不工作，那這個族群就是等著滅亡。

希氏巨山蟻特化工蟻（上）及工蟻（下），工蟻正在協助清潔特化工蟻。

Point

1. 螞蟻的階級劃分為：蟻后、雌蟻（或稱處女蟻后）、雄蟻、兵蟻及工蟻，有部分的螞蟻其實沒有兵蟻的劃分。
2. 蟻后不具有支配族群的能力，僅有產卵功能。
3. 雌蟻是未交配的蟻后，僅在繁殖季節前產出，不具任何工作能力，等待著交配季節進行交配。
4. 雄蟻僅在繁殖季節前產出，不具有任何工作能力，等待著交配季節交配，交配完就會死亡。
5. 兵蟻在頭部的結構比其他個體更為強壯巨大，因此咬合力更強，為族群中攻擊防禦、切割及儲存食物的角色。
6. 工蟻的工作在族群中最為重要，是族群運作核心，因此數量最多。
7. 螞蟻能夠控制產出的個體是要發育成何種階級以維持更好的族群運作。

螞蟻的性別劃分

看完螞蟻每一個階級的介紹之後，有沒有發現一個許多人都不知道的事？就是在螞蟻當中，除了雄蟻是雄性個體以外，其他階級皆是雌性個體，許多人都認為工蟻跟兵蟻因為工作較粗重，應該是雄性個體擔當，但在螞蟻世界卻不是如此。

我們人類的性別主要取決於男生的精子細胞是 X 還是 Y，而女生的卵子則為 X，當卵子跟 X 精子細胞結合，就會形成 XX 雙套染色體，因此就會生出女生；若卵子經由 Y 精子細

螞蟻的性別劃分

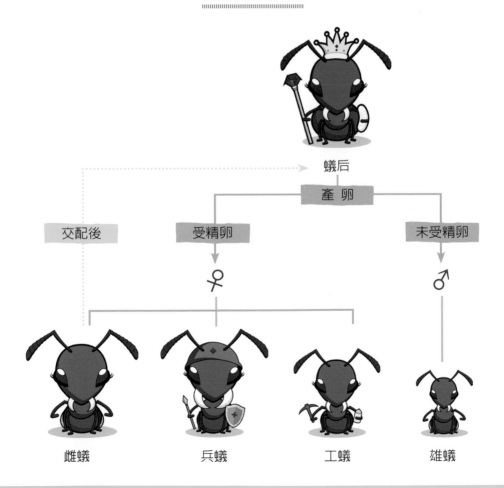

胞結合，則會形成 XY 雙套染色體，因此就會生出男生。至於螞蟻的性別決定與蜜蜂相同，取決於卵的受精與否，當蟻后的卵（單套染色體 X）在身體裡有經過受精（單套染色體 X）才產出，則個體就會是雙套染色體，意即兩個單套的染色體結合而成，就會形成雌性個體（XX），若此卵沒有經過受精，則此個體僅有單套染色體 X，就會形成雄性個體（X）。由此可知，在螞蟻的階級當中，只有雄蟻是直接由蟻后產下未受精的卵子無性生殖生長而成，所以說雄蟻只有爺爺並沒有爸爸；而工蟻、兵蟻及處女蟻后，則都是由受精卵發育而成，所以說螞蟻跟蜜蜂一樣是母系社會，但是後來因為何種因素而分化成工蟻、兵蟻還是雌蟻，目前生物學家並沒有確切的定論，我想可能也會因為物種而異，但是目前最可靠的說法也是跟蜜蜂相同，經由給予不同的營養成分，未來就會發展出不同的階級，但我們明確知道的是，螞蟻可以自行控制發育的個體要發展成工蟻、兵蟻、雌蟻還是雄蟻，這樣才能使族群發展與基因拓展得以順利且高效率進行。

Point

1. 螞蟻與蜜蜂同為母系社會，除雄蟻外其餘個體皆為雌性個體（XX雙套染色體）。

2. 雄蟻只有爺爺沒有爸爸。

螞蟻的區域劃分

螞蟻之所以會築巢，就是因為我們提到社會性昆蟲的特點，需要照顧無法自行生活、移動的卵幼蟲，因此必須找一個可以長期居住並安全的家，使大家能夠住在一起避開掠食者與環境的變遷，而我們所謂的家就是蟻巢。

螞蟻其實也跟人類一樣有家的概念，當需要外出工作時，就會離開家去外面找食物，所以大致可分為巢內與巢外。但在我們人工飼養下，才發現原來還有更仔細的劃分，巢內的部分雖然沒有分很多個房間，但牠們確實會依照卵、幼蟲大小相同、繭一區一區的放（並不一定都會堆在一起），甚至還有兩個令人難以相信的地方，那就是螞蟻們在巢中也跟人類一樣劃分廁所及巢內垃圾區。由於出去巢外會面臨掠食者的捕食，因此螞蟻排泄其實會固定在巢內同一個地方，所有個體會自己找同個地方排泄（族群更大時會有多個），且螞蟻的排泄物呈液態，因此累積速度並不如固體來的快速。至於巢內垃圾區的部分，會放置不影響到巢內健康的廢棄物，像是當螞蟻破繭羽化之後所剩下的繭皮，而對於巢內健康有害的垃圾如屍體、食物殘渣，則會丟到巢外的垃圾堆或墳場。至於螞蟻為什麼會有這些劃分，其實就跟我們人類一樣，若家中髒亂無比，裡面充滿著垃圾或屍體，那生活環境就會使我們生病，因此螞蟻也是一樣，由於牠們跟人類一樣會在同個地方長期居住，因此需要將環境維持好，以讓族群能健康的發展下去。

巢外墳墓區，螞蟻會將夥伴丟至巢外固定的地方，以減少屍體產生的細菌、黴菌在巢內滋生，可以大大降低巢內感染疾病的可能性

螞蟻的區域劃分圖

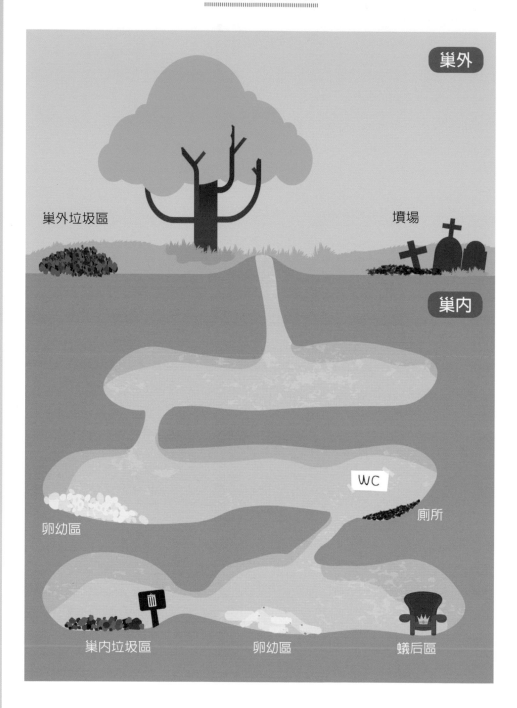

巢外

巢外垃圾區

墳場

巢內

WC

卵幼區

廁所

巢內垃圾區

卵幼區

蟻后區

巢外垃圾堆，通常為會腐敗、發霉等產生細菌、黴菌的食物殘渣。

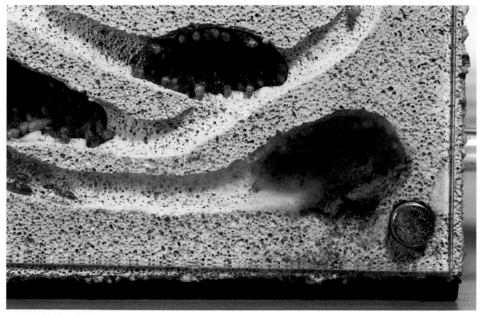

巢內廁所區。螞蟻也是會排泄的，牠們的排泄物為液態，呈現咖啡色或黑色。

巢內蟻后室。通常蟻后不太會隨意走動，但有時也會因為環境條件改變而更換位置，平常蟻后會靜止在巢內休息，因為牠動越少可以活越久。

巢內卵幼室。雖然並非我們想像中劃分的那麼細緻，但是牠們還是會將卵、幼蟲、蛹按照大小排列成堆。

Point

1. 螞蟻跟人類一樣會劃分居住的區域，將垃圾及同伴屍體丟在外面產生巢外垃圾堆及墳場；巢內則會有蟻后居住區、育嬰室（卵幼蛹室）、巢內垃圾區以及廁所區。

2. 螞蟻固定排泄與將垃圾、屍體丟出外面的原因是因為牠們要長期居住在巢內，若巢內髒亂將會影響牠們的健康，使存活率下降。

螞蟻的工作劃分

我們經常會說螞蟻是非常勤勞且有效率的昆蟲，但是我們卻不知道牠們的分工究竟有多細，說起來牠們分工真的非常驚人！當族群越大時，分工會越細，無論是工蟻還是兵蟻，牠們每一個個體其實都有其當下該執行的工作，這就是所謂的工作劃分。

以兵蟻來說，可以分為保護覓食團隊外出的兵蟻、保護巢內族群的兵蟻（會再細分保護巢口、卵幼、食物、蟻后），也有的兵蟻會負責食物儲存；而工作劃分最細的則是工蟻，先前我們在階級劃分當中有提到工蟻的數量在所有階級當中是最多的，因為工作內容最重要，因此牠們的分工自然也不簡單，如同兵蟻一樣也是分巢內部及外部，會出巢工作的工蟻就有覓食者、偵查者、築巢者，覓食者就是負責覓食工作的工蟻，一旦發現食物就會回巢通知其他覓食者協助取食；偵查者主要是協助將要丟置巢外的垃圾及屍體搬運出去，並且在尋找新的棲息地時負責偵查環境的工作，築巢者就是協助築巢工作如搬運土堆；而在巢內的工蟻則分為分食者、育幼者、

護后者，分食者的工作就是將覓食者取回的食物分配下去給育幼者及護后者，再由這兩個工作者將食物分配給幼蟲跟蟻后。

令人訝異的是，其實這樣精細的工作劃分並沒有一個決策者與支配者。我們人類就是依照能力與技術分工，並且有主要決策者與支配者領導下面的運作，因此我們普遍都認為是蟻后在掌控著族群的運作發展，支配著每個個體的發育及工作，實則不然，蟻后在族群當中僅負責產卵工作，對於外部狀況其實一點都不了解，而真正決定族群運作的是工蟻群（並非單個體），因為食物的多寡、幼蟲的量、戶外天氣狀況等只有工蟻群才知曉，但是最神奇的地方就是牠們會自行依照自己的出生年齡去轉換工作內容（或者當有個體死亡、消失時），並不會有反抗或紛爭出現。

蟻巢內分工示意圖

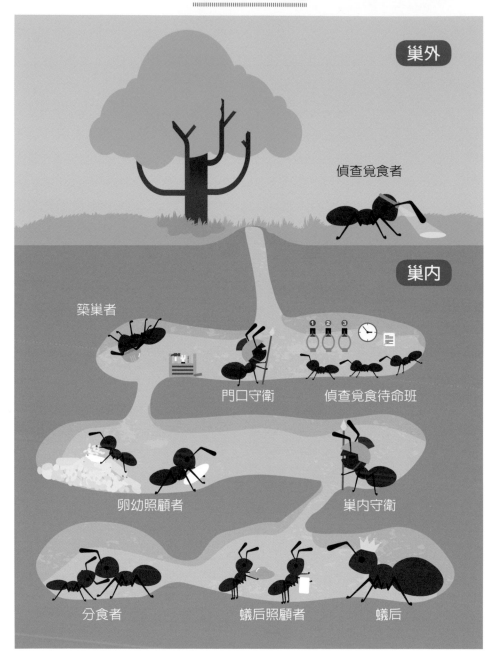

巢外

偵查覓食者

巢內

築巢者

門口守衛

偵查覓食待命班

卵幼照顧者

巢內守衛

分食者

蟻后照顧者

蟻后

在工作分配上，最特別的是依照出生年齡，我們稱為日齡，以及條件的改變進行工作劃分，而為什麼要用日齡劃分的原因就是因為日齡代表的其實就是年紀。

螞蟻的做法是當年紀越大時，所負責的工作風險就越高，因為年紀大的個體比較接近死亡，當進行高風險工作時，若不幸遇到危險死亡所產生的風險，會相較於年輕個體遭遇相同結果所產生的風險還來得低，加上外出可能會有沾染其他細菌、病毒、寄生蟲的可能，因此會交由剛孵化的工蟻個體進行照顧卵幼的工作，而老的個體則進行築巢、覓食、偵查等必須要出巢的工作，這樣驚人的工作劃分，都是因為演化過程當中為了增加效率與存活率的結果。

族群當中每個個體會自然而然的分配好工作，並且隨著狀況改變而重新分配，比如說外出覓食的工蟻遇害沒有返回，但是必須要足夠的覓食工蟻才能維持運作的話，內部其他螞蟻就會自然地轉換工作，去填補重要工作的缺，而整個過程皆是沒有領導與統治下形成，也就是沒有支配者強迫的結果。

羽化後的工蟻當身體可以順利活動後，就會開始照顧巢內其他卵幼蟲的工作。

Point

1. 螞蟻的工作劃分依照出生年齡及階級分配，並沒有支配者影響牠們該做些什麼，而是自然而然的依照條件或狀況轉變。
2. 通常進行巢外工作的個體都是年紀較老的個體，因為危險的工作交由年老個體其所產生的風險較低。

螞蟻的食性劃分

大家普遍認為螞蟻什麼都吃，但實際上螞蟻跟其他生物一樣，也是有食性劃分，不同的螞蟻物種在口器上的結構與能力完全不同，就好像鳥類一樣，若是吃種子的鳥，牠的喙是強而有力可以壓碎種子的；若是吃肉的禽鳥，牠的喙則尖銳方便撕碎肉塊；若是吃蟲的，則是堅硬且細長，可以伸進去樹洞叼出洞中的昆蟲。

螞蟻的大顎並非嘴巴，而好比是人類的雙手，做任何事都會仰賴大顎進行，而真正進食的地方則是位在大顎下方的口器，牠們的口器與甲蟲類相似，屬於吸舔式口器，因此咀嚼撕咬能力不強，沒辦法咀嚼硬質食物，所以大部分的螞蟻都是吃較軟質甚至液體性的東西。以台灣常見的螞蟻來說，會將食性劃分為下列四大類：

雜食性

雜食性的螞蟻，其實就是居住在人類身邊那些我們認為什麼都可以吃的物種，普遍來說牠們個體較小、咀嚼能力較強，因此固態的食物也可以吃，這類螞蟻通常是因為人類的出現

才演化出更小的體型以及什麼都可以吃的食性，如慌蟻屬、單家蟻屬、皺家蟻屬等。

雜食

大頭家蟻為常見的居家物種，屬於雜食性的螞蟻，什麼都吃。

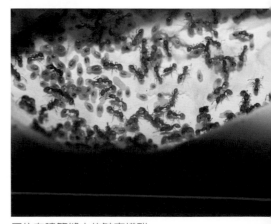
居住在建築縫中的皺家蟻群。

雜食偏素食性

　　該食性的物種算是在自然界中相對常見的，這類螞蟻主要是以植物分泌的汁液為食，牠們並不會掠食活捉昆蟲，但若遇到死亡昆蟲還是會搬回去吃，因為不會刻意掠食活體，再加上都以植物性食物為主，因此我們稱為雜食偏素食性，這類物種有一個特質就是主要的食物以液體為主，因此腹部裡面胃的構造前方會多一個囊狀構造，稱為「嗉囊」，使得牠們能夠攜帶更大量的液體回去分享。除此之外，這個嗉囊也具有暫時儲存食物的功能，讓螞蟻能夠儲存且攜帶液體食物，若塞滿的狀況下會使螞蟻腹部看起來更加鼓脹，甚至看的出來所進食

的食物顏色。這類物種如巨山蟻屬、棘山蟻屬、山蟻屬等。

雜食偏素食

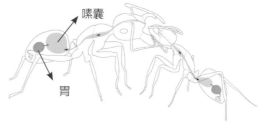

螞蟻們可將液體食物儲存於腹中的嗉囊，當自己需要時就將嗉囊的食物往後方的胃擠壓；當同伴需要時就往前方擠壓以吐出讓對方吸食。

腹部飽滿食物的大黑巨山蟻。

有些雜食偏素食性的物種會有放牧行為，如台灣草原或菜園環境常見的黑棘山蟻，牠們會穿梭在植物間保護寄生在植物上吸取植物汁液的蚜蟲、介殼蟲或者某些特定的蝶類幼蟲，而被保護的這些生物就會繳交保護費給螞蟻們，牠們的保護費就是經由吸食植物汁液後所分泌出的蜜露，因此通常只要在植株上看到這些生物，就會有螞蟻駐足保護。

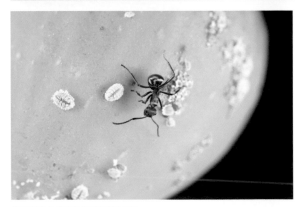

保護著介殼蟲的黑棘山蟻

雜食偏肉食性

　　這個食性的螞蟻，主要會捕捉活體昆蟲作為食物，也會吃剛死不久的昆蟲屍體，通常這些螞蟻都有一些特殊的捕捉昆蟲能力，另外也會吃植物汁液，因此我們就歸類在雜食偏肉食性，如寡家蟻屬。

雜食偏素食

多樣寡家蟻在野外平時以掠食昆蟲為主，但當沒有昆蟲可以吃時也會吃一些其他食物，如種子、果實等。

純肉食性

　　純肉食性的螞蟻是非常厲害的掠食者。工蟻單型沒有
兵蟻階級，大部分這些物種都具有螫針，獵物被大顎緊緊
咬住之後，會以腹部往下螫注射神經麻痺毒，使獵物麻痺
後再搬回家慢慢享用，牠們每一餐都必須外出去掠食，由
於只捕食昆蟲，因此屬於純肉食性，如針蟻亞科的螞蟻。

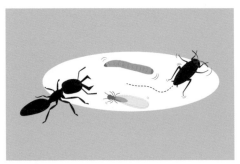

純肉食性

上：爪哇粗針蟻捕食白蟻；下：高山鋸針蟻
捕食麵包蟲。

純肉食性的物種每一餐都是以昆蟲為主，普遍會依照體型大小捕捉跟自身差不多大或比自己體
型小的獵物，像白蟻就是許多螞蟻的主食之一。

以上是台灣螞蟻普遍的食性劃分，隨著不同棲息地，食物來源也不同，其實還可細部劃分更精準的食物來源。至於世界上，其實還有因為與台灣氣候條件差異非常大的環境，因此演化出更多特殊食性的物種，比如說全世界唯一吃素的螞蟻 —— 切葉蟻，牠們僅吃自己栽種出來的「真菌」，十足像個農夫一樣，真菌的來源就如其名，是由體型大的特化工蟻外出將野外的特定植物葉片裁切下來，再搬運回去交由體型小的工蟻細碎葉片塗抹覆蓋在菌上，以長出更多的真菌，而牠們值得我們學習的地方在於，牠們懂得資源永續的觀念，不會將周邊同一株植物的葉片全部裁切下來，寧願走更遠的路從不同的植物上分別採集，這樣一來才不會使植物因為無葉片行光合作用而死亡。

另外，還有一種童話故事或卡通電影中經常出現的食性，那就是我們認為螞蟻會儲存食物這種觀念的由來。雜食種子的物種，也就是收穫蟻屬、收割家蟻屬的物種，主要取種子為食，因為生活環境中沒有豐富的食物，因此演化轉而攝取種子為食，會將種子撿拾或者收割回家儲存，要吃的時候透過大顎咬碎、唾液的分泌軟化後再吸食回去，為世界上唯一會儲存食物的物種，因為只有這種食物可以進行長時間的保存不會腐敗。

Point

1. 並非所有螞蟻什麼都吃，牠們依照居住環境與演化形成不同的食性。
2. 台灣普遍分為四種：雜食性、雜食偏素食性、雜食偏肉食性以及純肉食性。
3. 對於螞蟻來說，肉就是昆蟲。

螞蟻的交配儀式 —— 婚飛

　　螞蟻跟大部分昆蟲一樣有特定的交配行為與季節，在台灣，其實全年都有螞蟻交配，不過最常見發生在四月到九月之間，隨物種不同而異，且大部分物種一年會有兩至三波交配期，在這個季節以前，牠們才會產出交配階級，而螞蟻的交配儀式我們稱為「婚飛」，飛起來結婚的意思，也就是說螞蟻的交配必須經過飛行這個動作。

　　飛行對於螞蟻交配有非常重要的意義，因為飛行相較於爬行，飛行所能移動的距離更遠、速度更快，可以使物種擴展的距離更遠，避免同一個範圍都是相同基因重疊，並且可以避開地面的掠食者；另外，我們在螞蟻的溝通行為章節中有提到，螞蟻的溝通是利用氣味費洛蒙進行，不同部位的腺體釋放不同的費洛蒙就代表不同的意義，婚飛交配時也有相對應的費洛蒙，才會使雌蟻及雄蟻互相吸引進行交配，但是螞蟻所居住的環境，通常是在森林底層，因此所釋放的費洛蒙會因為地理環境影響，例如被森林包覆著，以致無法順利散發到更遠的地方去吸引其他地區的個體進行交配，所以雄蟻跟雌蟻必須飛起來，高過這些遮蔽物。這些螞蟻的飛行高度可以超過九公尺，我想牠們藉由高空不受遮蔽的阻擋以及高空氣流的擾動，使費洛蒙傳遞得更遠。另外，雄蟻的精子細胞在飛行以前都是非活化的，牠們必須讓翅膀高速振動，才能夠活化精子細胞，去進行有意義的交配行為。

大黑巨山蟻婚飛前夕，雄蟻由工蟻簇擁出巢，準備起飛進行一年一度的交配儀式。

雄蟻及雌蟻湧出等待適當時機飛行交配。

婚飛前夕各巢螞蟻都帶出各自巢內的雄雌蟻準備起飛。

普遍來說（視物種而定，並非所有物種如此），婚飛過程是在工蟻判斷適當時機（因爲只有工蟻外出才知道外面天氣狀況），簇擁雄蟻先行外出起飛，等大量雄蟻飛出時，在高空形成雄蟲雲，釋放大量的雄性費洛蒙，此時雌蟻因高濃度的雄性費洛蒙而前往雄蟲雲，之後開始進行交配行爲。但有些物種並非如此，像是多樣寡家蟻，牠們的雌蟻由於非常龐大，加上演化機制，導致牠們的雌蟻不會大量往外飛，只會在自己家門口釋放費洛蒙，等待其他巢的雄蟻飛來進行交配，在交配過後就會隨著工蟻回到自己的族群當中，進而形成多蟻后型態，在族群龐大到一定程度後才會攜帶一批個體搬至更遠的地方拓展版圖。

無論是以何種模式進行交配，最厲害的是，工蟻們會判斷適當的婚飛時間點，而這個判斷依據會跟天氣有很大的關聯性，如空氣溼度、溫度、風速、氣壓值等，因爲若交配過程中下大雨螞蟻會被淹死，且費洛蒙會受到破壞、打散；又或者一直是大熱天，婚飛後的新后就會因爲太熱太乾造成死亡率提高。另外，風速過大也會使

婚飛前工蟻會將雄蟻先引領出洞口準備起飛儀式，等待適合時機外出及起飛，雄蟻都飛上天之後才會吸引雌蟻飛出。

螞蟻無法順利飛行或吹散費洛蒙釋放，因此螞蟻必須要在對的時機進行婚飛，而這樣的適當時機一年之中並沒有幾天，在我們長期觀察經驗下，也沒有所謂絕對的規律性，因此實在無法預測當天是否有婚飛進行。至於螞蟻為什麼可以如此精確地知道適當時機，也就是因為牠們具有非常精密的判斷器官 —— 觸角及六足。牠們可以感知非常細微的天氣變化，甚至比現代科技所能預測的還要精確，這也是為什麼常聽老一輩的人說如果看到螞蟻在搬家就是要下雨了，因為牠們能夠精準的預測天氣變化。

準備起飛的臭巨山蟻蟻后。

婚飛時間點上，有些物種是在清晨天剛亮時進行，而大部分則是在傍晚進行此儀式，少數物種則會在正中午或深夜凌晨時進行交配行為，這都跟演化與增加存活率有非常大的關係。

再者，大部分物種在交配過程中，蟻后會與多於一隻的雄蟻進行交尾，交尾過後的雄蟻短時間內就會死亡；交配過程中，雌蟻跟雄蟻會伸出彼此體內生殖器進行交尾行為，若其中一方無交尾意願，沒有開尾伸出生殖器，則這樣的交配行為就不成立。

交尾後，雄蟻會將精子排進雌蟻體內的儲精囊，這個儲精囊很神奇，會暫時降低或停止精子活性，使其回到休眠狀態，以便長期儲存，待需要時，經過儲精囊中擴約肌的開閉，讓精子通過恢復活性後前往與卵子結合，這也是為什麼蟻后只需要經過一次性的交配，就可以在牠有生之年（可能十幾二十年）都還能不斷的生產，不需重複交配的原因。

螞蟻的交配過程

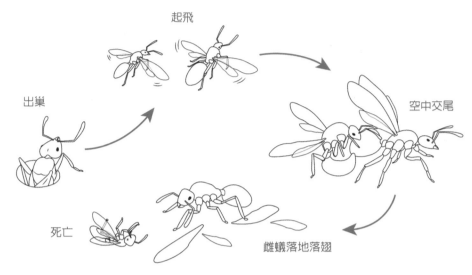

起飛

出巢

空中交尾

死亡

雌蟻落地落翅

由於存活率的關係，螞蟻在交配上是以量取勝，並且分梯次進行，以大量散播雄雌蟻的方式，增加個體存活率。我們先前有提到螞蟻要在對的時間點及天氣狀況婚飛，這樣的天氣因素慢慢地使其他生物知道有這樣的大餐即將出現，所以也會提前準備等待大餐的到來。因此如果外出婚飛的數量不夠大，這些蟻后雄蟻們就會被掠食者吃光，沒有辦法拓展新的族群。

蜘蛛、壁虎、青蛙等都會在螞蟻婚飛時準備享用大餐。

螞蟻也是螞蟻的掠食者。被捕捉的甜蜜巨山蟻蟻后。

Point

1. 螞蟻的交配稱為婚飛，是有季節性的活動，通常在春、夏兩季最頻繁。

2. 大多數螞蟻交配時需要飛行的原因：

   A. 讓基因可以拓展到更遠的地方以避免基因過近。

   B. 能夠避開地面的掠食者。

   C. 將費洛蒙散布到更遠的地方，以吸引其他族群同時進行交配的儀式。

螞蟻的族群創立與發展

在進行交配儀式之後，蟻后就必須尋找自己的棲息地，開始創立自己的新帝國，不過每一種螞蟻有不同的創立模式，主要分為獨立創巢制、共同創巢制及寄生三種方式，無論何種方式都是長期演化形成的結果，其中一個很重要的條件就是築巢的成功率。

獨立創巢制

這類物種的蟻后交配過後獨來獨往，自己尋找棲息地，並靠自己築巢獨自過活直到工蟻群出生為止。由於單后存活率高，因此透過大量產出的方式來取得創巢成功率，也就是以量取勝，最後族群就是單后制，這也是大家所普遍認為的螞蟻族群狀況，如巨山蟻。這類物種通常交配後會盡快找地方安定下來並開始產卵，因為當蟻后拖越久，族群發展的時間就會延長，成功率自然下降，因為初期蟻后是不外出覓食，以避免再度遭遇掠食者，僅靠自身出巢前腹部儲存的食物存活，並且藉由分解自身的胸部肌肉組織來餵養自己的幼蟲直到牠們成蟲，才由工蟻們外出覓食，前後至少也有一至兩個月時間，在這段時間不夠強壯的個體就會飢餓死亡，僅有足夠強壯的個體才能夠熬到最後。

單蟻后築巢

這類的蟻后交配後會釋放特定費洛蒙，吸引其他相同物種一起共同創立族群，演化使螞蟻採取更不一樣的策略，而採取這樣策略的原因是成功率相對會比單后高上許多，但是最後成功的總族群數量會比較少，因為是以質取勝，而非以量取勝，這種創巢模式最後會分化成兩種結果，一種是這些蟻后們會自然淘汰，但是最後存活的每一隻蟻后都會具有產卵權，並且一起生活下去，形成族群「多后制」，還有一種多后制的物種族群複製方式比較特別，並非由幾隻蟻后創立，而是一個完整的族群分巢，像是多樣寡家蟻，交配時雌蟻會走出巢外，交配後就被帶領回巢，等巢內族群量大到一定程度時工蟻群就會帶著其中幾隻后出走，到新的地方築巢，因此這類螞蟻並非由新的蟻后獨立創立，而是一開始就有大量的工蟻協助族群運作；另一種就是所謂的「擇后」，擇后的意思是等所有蟻后產出的工蟻孵化，會共同篩選掉（也就是殺掉）體質較弱的個體，就算是自己的媽媽也是，族群隨著時間與發展，會擇到只剩下一隻蟻后，因此最後還是形成「單后制」，這樣的結果將使基因最優異化。

多蟻后築巢

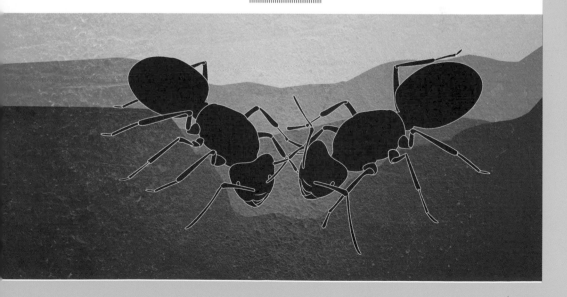

寄生

　　使用寄生方式創立族群的物種非常稀少，通常是因為無法順利依靠自己創立族群的物種才演化出這種方式，像是悍山蟻屬（Polyergus）及痕胸家蟻屬（Temnothorax），一般被稱為「蓄奴蟻」或「奴隸蟻」。這類型的螞蟻普遍大顎非常銳利，可輕易地破壞昆蟲外骨骼，雖然好像很厲害，但是工蟻及蟻后也因為這樣的大顎構造關係而無法自行照料卵幼蟲及築巢，因為大顎等同於牠們的雙手，想像若我們人類雙手是一把銳利的刀，當要抱起自己的小孩時就會傷害到他。有種叫作刺棘蟻（*Polyrhachis lamellidens*）的物種，為棘山蟻，在台灣、大陸與日本都有分布，這種棘山蟻新后也會混入山蟻或部分巨山蟻族群中，混入方式則是透過殺掉工蟻之後將氣味塗抹在自己身上或者是模仿相同的費洛蒙，使這些山蟻或巨山蟻工蟻誤認成自己的蟻后後把牠帶回主巢中，這時候刺棘山蟻蟻后就會偷偷地走到這個族群真正的蟻后旁，殺掉牠，然後開始產下自己的卵，代替掉原本的蟻后，而其他巢的工蟻並不知道這件事，還會一直服侍牠直到死去為止，就好像奴役其他螞蟻一樣，因此有此稱謂。

寄生方式築巢

無論哪一種築巢方式，這些蟻后們都會非常精明地打著算盤，因為若產出太多，會不夠餵養每一隻幼蟲長大，則每一隻幼蟲都有可能發育不起來，最後導致族群走向滅亡，因此蟻后會視當下環境、自身情況以及卵幼蟲發展狀況來調整產期，並不會天天都產卵，只有在適當時機才會產下卵，且可能一天就產下幾百顆卵。在不同棲息地演化的物種也有不同做法，比如說森林系的物種就會以個體大小為主要發展，生的量較少，因為發展時間較長個體會較大；而草原系的物種則相反，以量取勝，因此會大量產卵，並盡快將個體養出，所以產出的個體初期會較小隻，這些都跟棲息環境有很大關係。

Point

1. 螞蟻創立族群的型態是為了要提高創巢成功率，乃經由長期演化形成。

2. 大部分螞蟻的族群複製方式都是經由婚飛，交配過的蟻后獨立或共同成立新族群，只有少部分物種在族群大到一定程度才分出新的族群。

3. 蟻后在族群發展過程中會視族群當下情況，也就是工蟻數量、卵幼蟲數量與階段，以及食物量、季節而決定產卵的時機點與量，並不會天天都產卵。

螞蟻的築巢型態

無論哪一種螞蟻都是世界上最出色的建築師，各自有一套屬於自己的建築學，使牠們可以建造出一個屬於自己的帝國，而這個帝國不只提供了牠們安穩的住居，更是使牠們逐漸壯大的基地，因此對螞蟻來說，牠們會非常謹慎地選擇自己要創立帝國的地方，但是又不能拖太久，因為拖得越久，自己受掠食者吃掉或環境淘汰的機率會越高。每一種螞蟻因為演化的關係，各自居住在適合自己的環境裡，進而有不同的居住地點，但是大致可以分為三個概念：寄居、現有空間改造、自行創造三種。

寄居

直接寄居在現成的空間裡，沒有太多改造空間的能力，如造成居家危害的那些家蟻，牠們會直接鑽進現有空間，像是磁磚縫、水泥縫、木頭縫等，甚至直接住在你的抽屜、印表機、飲水機、電視遊樂器裡面。

居住在木柵欄縫隙中的螞蟻。長腳立毛蟻（狂蟻）。

現有空間改造

　　從現有的空間去築巢，像是樹洞、竹子的結間、石頭底下、朽木中、中空果實、植物底部等利用現成空間再去改造的模式。

竹子天然形成的空間也是螞蟻喜愛築巢的環境。

蕨類根部處由於保溼能力佳，自成一個天然空間，成為許多螞蟻喜愛的築巢地點。

自行創造

　　這種型態的築巢模式非常特殊，
整個蟻巢會是從無到有的形成，比如
說土巢、落葉巢、織葉巢，落葉巢或
織葉巢的物種都是利用幼蟲所吐的絲
進行蟻巢的紡織及黏合，完全把幼蟲
當作縫紉機般在運作。

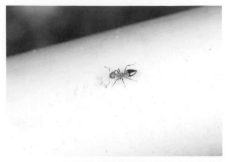

懸巢舉尾家蟻是台灣非常常見的樹棲物種，經常在樹上結成
球狀的蟻巢，而原料為利用大自然中的落葉、樹枝、土加上
自己的唾液混合構築而成。厲害的是，這種巢的韌性很強，
可以防風及防水，且螞蟻挑選的位置極佳，可以避開太陽照
射、風吹以及較小面積的雨淋，甚至颱風過後樹葉都掉光了，
只剩下螞蟻巢存在樹上，實在是超強的建築師！

這種蟻巢與蜂巢不同的地方在於螞蟻的巢必須有兩個以上的
支點由中心往外擴散；而蜜蜂則是以單一支點往下延伸，且
蜜蜂是使用蜂蠟築成。

地下的蟻窩是我們普遍認識的蟻巢型態，不同的物種有不同的
土質喜好以及築巢位置，呈現的洞口樣式也不同，除此之外，
土巢的洞口也會隨著四季變化有所改變，大部分時候蟻巢出入
口是非常不容易被發現的。

　　無論哪一種築巢型態，蟻巢通常
都不容易被發現，以避免掠食者靠
近，少數蟻巢較明顯的物種，通常都
在不容易靠近的地方，或甚至該種螞
蟻具特殊能力使別的生物或掠食者不
敢靠近，比如說強烈的蟻酸，可以驅
趕靠近的威脅。

[蟻巢
製作篇]

了解螞蟻之後，因為在野外無法順利地進行許多實驗，若要進行深入的長期研究，完整飼養就是最基本的事。首先，我們必須準備適合螞蟻居住的蟻巢，以便進行長期的飼養及觀察。在蟻巢的製作中有許多注意事項，避免螞蟻不喜歡居住或死亡，因此要非常留意蟻巢的製作。

蟻巢概論

在野外，螞蟻的活動空間分為巢內與巢外，巢內就是螞蟻居住的空間，而巢外就是螞蟻尋找食物的地方。我們在準備人工飼養環境時，同樣要提供相同的結構給螞蟻，因此要準備一個蟻巢區以及餵食區（也就是螞蟻覓食的空間），這兩者可以透過上下分層，也能透過管子連接，但皆有一個重點就是，螞蟻的巢穴與餵食區，必須僅有一個出入口。因為大多數野外的螞蟻巢穴也僅有一個出入口，太多出入口會導致螞蟻不安。另外，並非每個蟻巢都適合所有螞蟻物種及群落大小，因此蟻巢、巢室、通道大小要順應蟻群大小及物種去選擇或製作，不可過小的蟻巢飼養過大的族群，或者過大的蟻巢飼養過少的族群，以免因空間問題導致發展不良。

另外，每一種蟻巢都有它的優缺點，只有相對合適，不可能盡善盡美。除了一定要適合所飼養的螞蟻以外，就是選擇自己喜歡的模式、材質與結構。

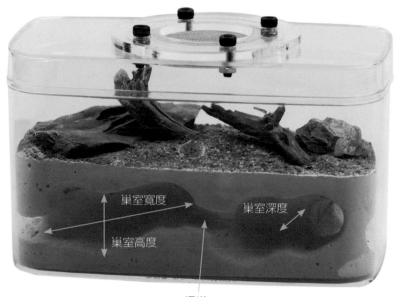

巢室寬度　　巢室深度

巢室高度

通道

蟻巢的空間大小及呈現方式會影響到螞蟻的居住與觀賞性，我們可藉由控制或選擇巢室的高度、寬度及深度去改變，順應要入住的物種及群落大小。

蟻巢材料的選擇

在蟻巢材料選擇上，無毒是必要條件，當然這個材質要適合螞蟻居住，也必須注意所使用的材料能否吸附水分，藉以保持蟻巢環境溼度。最後就是硬度的部分，若材質太軟，螞蟻很容易咬壞而跑出來，上述幾點就是基本注意事項。

以目前來說，最主要且經常作為蟻巢製作原料的就是石膏。因為它的可塑性高、硬度高，並具可吸水保溼等特點，讓石膏成為 DIY 製作的首選。除此之外，建築用的輕質磚是近期開始被拿來作為蟻巢的材料，因為高壓壓製的輕質磚重量輕、透氣性極佳、硬度也夠，不過特性完全與石膏相反，它的吸水性沒有石膏好，而且蒸散速度很快。因此在材料選擇上，必須依照所飼養的物種選擇最適合的材質，比如說喜好乾燥的螞蟻就可以選擇輕質磚飼養，若必需要溼度均勻且潮溼的物種，就會建議選擇石膏作為主要蟻巢材料。

以台灣的螞蟻物種來說，由於環境都處於較為潮溼的副熱帶氣候，因此適合選擇孔隙細緻且吸水性、保水性較佳的石膏作為主要材料，但石膏最大的缺點是吸水保溼性佳下透氣性較差，導致容易發霉，除此之外，石膏較容易髒，相較於輕質磚容易被螞蟻咬碎。雖然可依照不同配方調配石膏硬度，但隨著硬度增加，吸水性與含水量也會因而下降。

輕質磚在可塑性、吸水及保水性都比石膏差，但反過來說，就不會有加太多水導致溼度過高的問題。輕質磚不像石膏吸附水分後整個均勻擴散，反而會產生溼度的差異，最接近加水處的點最溼，遠離加水點的地方最乾，因此可讓螞蟻自行選擇想要的溼度位置。另外，因為輕質磚材質及加工過程關係，本身材質不會發霉也是一大優點。

石膏與輕質磚比較表：

	吸水性	保水性	可塑性	透氣性	硬度	防霉
石膏	佳	佳	佳	差	視配方	會發霉
輕質磚	差	差	差	佳	硬脆	不發霉

隨著物種棲息環境的差異，自然會有不同的需求出現，還有一個非常重要的因素會影響到螞蟻居住的安穩與否，那就是透氣度。以往我們都認為蟻巢必須保持通風，螞蟻才會活得好，但也不全然如此。試想一下我們知道的螞蟻都住在哪裡？土壤底層、樹幹中、樹枝中、竹節間、倒木裡等，無論哪一種空間，實際上都沒有空氣流動的產生，因為螞蟻本身及其他生物能感受到氣流變化，當身處有氣流的位置時，代表空間並非封閉，因此增加自身危險性。螞蟻的需氧量非常低，且在飼養維護過程中就會有空氣交換，如此少量的空氣交換其實就足夠滿足螞蟻了。

輕質磚本身孔隙多、透氣性好且不發霉，但吸水及保水能力較差。由於材質本身屬高壓成型，因此無法塑形。

蟻巢結構介紹

餵食區

螞蟻覓食空間

巢室

螞蟻居住空間

此種蟻巢結構為蟻巢餵食區一體，但分為上下層，較不占空間，但相對的，在餵食時容易影響到下方的蟻群，不小心將食物沾到餵食區上也可能致使發霉而影響到下方的蟻巢。

主結構與野外一樣，分為巢室以及餵食區兩部分：

巢室

螞蟻的居住空間，是野外我們無法觀察到的地方。這個空間對於螞蟻來說非常重要，因為包含蟻后等所有螞蟻會長期在這裡休息、孕育照顧下一代，而我們所謂適當的空間大小就是指巢穴的部分，包含單一巢穴的高度、深度，以及整體巢室的大小，都會影響螞蟻的居住安穩度，所以小型螞蟻不宜使用過大過深的巢穴。先前我們有提到螞蟻具有辨識空間大小的能力，因此牠們知道這個空間對牠來說會不會感到不安。除此之外，巢穴處最重要的就是保溼，才能提供螞蟻最佳居住條件。

餵食區

也就是螞蟻的覓食空間，這個空間可以自行布置與創造喜歡的風格，對於螞蟻來說沒有太大的差別，只要在布置上考量所使用的材料有沒有毒，不會影響到螞蟻覓食即可。

各種不同風格的餵食區布置，可以按照自己喜歡的風格設計製作，如仿原始環境或者可愛的鄉村風等。

這兩者之間有許多方式可以呈現，像是 P.91 照片中人工製作的蟻巢就是仿照野外，上方是螞蟻覓食空間，下方是居住空間，但不一定都要如此，也可以分前後或者利用軟管相接蟻巢與餵食區，以左右邊的方式呈現。對於螞蟻來說沒有絕對的好跟壞，主要是以觀察者喜歡的呈現及維護方式來選擇。真要說優缺點的話，就是分開以軟管連接巢體及餵食區的方式會較占空間，但相對的蟻巢比較不會受到震動，也不會因為食物在蟻巢上方導致容易發霉。

另外要注意的是餵食區對螞蟻來說會不會太過複雜或過大。以螞蟻的新生族群來說，由於個性較膽小，因此覓食距離較短，建議食物不宜放在離牠們出入口太遠的地方。

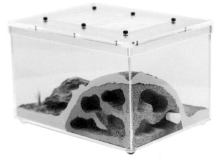

此種結構為蟻巢及餵食區一體，不過是以前方跟後方的方式呈現，觀察上必須旋轉缸體，但卻有較大的空間且無須外接餵食區。

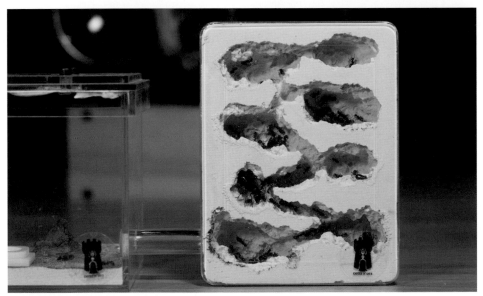

此種蟻巢結構為蟻巢及餵食區分開，一邊是單獨的蟻巢，另一邊則是單獨的餵食區，再藉由塑膠軟管進行串接，一方面可以看到螞蟻在塑膠軟管中穿梭，另一方面在餵食上所產生的震動影響相對比其他方式來的小，但卻較占空間。

石膏蟻巢的
簡易製作方法

製作蟻巢的方式有很多種，依照不同材質、呈現方式及飼養物種等有不同的做法，接下來我們用最簡單的方式教大家如何製作屬於自己的石膏蟻巢。

準備工具：

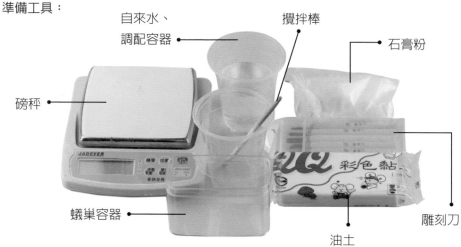

自來水、調配容器　　　攪拌棒　　　石膏粉

磅秤

蟻巢容器　　　油土　　　雕刻刀

選定自己要製作蟻巢的容器，這個蟻巢必須符合蟻群大小。

Point

1. 容器口必須大於或等於下方，避免石膏灌入後無法脫模。
2. 容器本身硬度要夠，避免石膏產生的膨脹將容器撐開導致變形，使其無法脫模或脫模後無法再放回容器內。
3. 建議選擇透明度高的容器，之後在飼養上才方便觀察。

Step 2

先在白紙上畫草圖，接著取油土按照草圖上的巢穴構造及出入口規劃黏在塑膠容器壁上，注意蟻巢高度與容器頂端必須至少距離 2 公分以上才能脫模，並且要保留防逃液塗抹的範圍。

Step 3

測量所需石膏的重量，評估完全覆蓋巢穴大約需多少水量，以此水量去秤出石膏粉所需比例的重量。若沒有依照石膏粉比例調配可能會造成硬化不完全或太快硬化無法攪拌均勻等現象。

Point

1. 調配過程中，必須將粉緩慢倒入水裡，而非將水倒入粉裡，如此一來會更好溶解與順利攪拌，減少空氣的產生。
2. 每一種石膏因用途不同，具有不同的特質與調配比例，需按照所購買的石膏其標示進行比例調配。
3. 石膏調配之含水比例越高，則成形後硬度越低，但保水性與吸水速度則越好。
4. 若要染色，選擇水性的無毒染劑或用天然的土染色，若是額外添加土或黃土粉，則不宜過量，以免影響石膏硬度，並且記得是先加入水中攪拌再倒入石膏粉。

Step 4

攪拌均勻後可稍微敲擊容器使空氣排出，再緩慢倒入容器中至超過油土的高度，完成後稍微敲擊容器使氣泡排出，以免石膏硬化後空氣破裂形成空洞。靜置待石膏作用完成這段期間可先清洗調配的容器，避免硬化後無法洗淨，多餘的石膏液可以先倒在垃圾桶，以免硬化後堵塞排水口。

Step 5

靜置時間建議一天以上，作用過程中石膏會發熱，待作用完成後溫度下降，確定完全硬化後再將容器反過來，底下墊著一塊布或紙板吸震，接著整個容器舉起並平均往下敲擊（避免受力不均導致容器損壞），使石膏因慣性往下滑出。

Point

1. 若太早倒出尚未硬化完全的石膏就會致使主體損壞。可以看石膏本身溫度是否已下降，並輕壓確認是否已完全硬化。

2. 石膏粉加水攪拌後會發熱，形成化學變化，此為不可逆反應，一旦完成後，無論比例對不對，都無法再重新調配！

Step 6

將石膏上的油土用雕刻刀挖出,開始修正細節。

Point

製作過程中使用刀具時,請注意自身及旁人的安全。

Step 7

容器清洗晾乾後,將巢體放回容器中。

Point

石膏本身會有一定比例的膨脹係數,因此脫模後會發生無法塞回容器中的狀況,建議可稍做打磨再放回,勿過度用力擠壓,避免容器或巢體破損。

Step 8

若要上色,建議可使用無毒水彩,完成後靜置待石膏溼度下降及水彩味道消失後再開始使用,放置時間大約一至兩天左右。

Chapter 3

[螞蟻
飼養篇]

將螞蟻飼養在我們準備的人工環境中，由於此非天然環境，因此必須提供正確的環境使螞蟻能夠正常生活。在飼養維護過程中，有許多必須稍加注意的事，才能避免螞蟻在人工飼養環境無法順利成長或死亡。本篇會針對飼養部分詳細介紹，從飼養理念、螞蟻採集到入巢、移巢以及飼養中餵食到環境維護等皆有說明，讓大家在飼養過程中更加順利！

飼養理念與目的

很多人不理解我們飼養螞蟻的目的為何（通常都不是飼養居家常見的物種），普遍認為螞蟻隨處可見，但其實會想要飼養螞蟻的最主要原因是因為我們可以不受限制的觀察野外無法清楚觀察的螞蟻生態。

野外螞蟻所居住的環境都位在地底深處、木頭內，無法輕易觀察，再加上我們透過野外觀察螞蟻，所能發現的僅有覓食與搬家等行為，而螞蟻大部分的活動都是在巢內，如蟻后的產卵行為、卵幼蟲孵化、工蟻照料、巢內分工與食物分配等等複雜行為都是在蟻巢內進行，因此極具觀察與研究意義。

正確的螞蟻知識與飼養觀念，讓大家透過觀察得以更清楚了解螞蟻的生存模式與生態，加上融入推廣公民科學的觀念，讓不同性別、年齡、背景、文化的人們一起投入螞蟻生態觀察行列，進而衍生出不同的解讀與視角，更容易有新的發現，當有更多發現或解讀時，我們就可以更深入地進行探討與研究，也能更快地解開螞蟻

的神秘面紗。

螞蟻帝國一路走來，有許多的質疑甚至是藐視，都是圍繞者「為什麼要養螞蟻」這個議題產生，我們花了非常多的時間耐心解釋，讓產生質疑的人先了解為什麼螞蟻值得我們關注、觀察與研究，我們也會以提問者的面向與方式，從不同角度切入，以讓這樣的質疑有辦法解釋。

其實在飼養任何生物上，不會因為養了什麼而顯得比較高尚或更具意義，對於每一個物種，都有牠獨特之處與值得被觀察的地方，但也確實並非所有物種都適合被人類飼養，因此我們先排除這些不適合飼養的物種，挑選了特定較適合的物種進行推廣。我個人覺得就算是消遣跟抒放壓力也是有意義的，我們在飼養上所要強調的是正確認知與對待，而不是讓我們顯得高高在上。人類之所以生存是「仰賴大自然」，它是我們的起源與生存來源，並非我們的資源，我們飼養是為了更加認識，學會尊重與共存，而不是為了支配。

我個人認為飼養不需在乎別人的眼光（前提是做合法且沒有危害到生

物或環境的事），我們會從過程中學習還有獲得慰藉並享受，這就是飼養的原因，只是從過程中獲得的感受不同而已。以我們來說，飼養的最終目的就是研究，這也是我的想法，當然不同的面向也會有不同解讀，我們也很樂意接受不同面向的聲音，但前提是請先了解我們的理念跟做法。

螞蟻帝國受邀前往許多學校分享螞蟻課程。

在實際且不同的視角觀察中，讓小朋友與大人可以更正確的認識螞蟻，並改變對螞蟻的錯誤看法與對待方式，進而影響對任何生物的尊重及了解生態平衡的重要性。

螞蟻帝國經常舉辦親子活動課程，讓小孩與爸媽一同重新並正確的認識螞蟻。

飼養後應負起責任

無論飼養什麼物種都一樣，一旦決定飼養就必須全心全意地照護，確保牠們在您給予的正確環境中食物無虞，若真的無法細心照料，也請交予有意負責任的人進行後續照護，千萬不可任意遺棄、放生，這樣除了很不負責任外，遺棄、放生在野外，也會造成族群的死亡。因為螞蟻是環境專一性生物，通常重新回到大自然後在不對的環境中會很快地就死去，就算在對的環境下也必須重新適應，過程中會因為掠食者或環境壓力而死亡；另外，若在不該出現的地方存活下來，也會影響該環境的生態平衡，因此切記不要任意遺棄放生。

由於我們會擔心出現任意遺棄或放生狀況，因此有做到蟻群回收服務，避免對實在無法繼續飼養的朋友形成困擾，而我們所回收的蟻群也不會再次販售，僅會留存做展示、研究等用途繼續照顧。

進食中的甜蜜巨山蟻。

螞蟻何處尋？
採集注意事項

若要取得螞蟻族群，可以花時間去野外蒐集，也可以直接找尋有保障的店家或玩家直接購買。

目前來說，破壞最小的採集方式就是透過婚飛期間去採集交配過的新后，這也是最多人採取的方式，因為這樣的採集不需要用工具破壞野外的蟻巢。但是要如何順利採集婚飛的新后呢？首先，要在對的時間點尋找，也就是螞蟻交配的季節。每一種螞蟻的婚飛時間點不同，因此必須先瞭解您所要採集的物種其棲息環境在哪裡，以及牠婚飛的大約時間範圍，但因每個地區都不盡相同，因此我們沒有辦法實際說明哪個物種在哪個時間點會出沒，必須經由勤勞地尋找累積經驗，才比較能歸納出一個可能的時間範圍，不過隨著每年的氣候變遷或環境破壞，有時候歸納出的時間都不一定準確，因此勤勞跑野外才是上策。

在晚上外出尋找前，可以先在白天至該環境走走看看。雖然很多螞蟻會飛離至更遠的地方進行交尾，但只要當地有大量的這些物種存在，也就

草原中發現剛交配過的大黑巨山蟻新后正在找地方躲藏。

意味著會有新后落在此地成立族群，推薦先從較安全的地點，如公園、步道、超商等具有明亮光源的地方，由於蟻后具有趨光性，當外出婚飛後會因為光源而受吸引，因此很容易在這些光源底下被發現，另外，LED 光源對於螞蟻較無吸引力，所以如果可以找到一般鎢絲光源或者水銀燈，採集到的機率會更高。

在採集時間點上，會建議在夜間七點過後為佳，因為有些物種較晚開始婚飛，若太早採集到的個體很有可能尚未交配；另外，在採集過程當中，有些物種會分泌蟻酸保護自己，因此千萬不要用手去抓取，建議選擇比螞蟻大的容器去蓋住牠之後，讓螞蟻自行爬入容器內，以避免螞蟻噴酸導致死亡。最後切記，在尋找蟻后過程中要注意自身安全，由於季節關係，需要注意身邊是否有其他生物，如蛇類等。

採集新后就如同玩神奇寶貝，有時什麼都沒有，但有時卻驚喜連連，你無法確切知道會不會遇到自己想要的物種，但是物種的分布可從事先的觀察與經驗得知，並且透過勤勞的尋找來累積經驗，就連我自己也無法確切知道螞蟻在何時會婚飛，同樣透過長期的經驗累積並每天非常勤奮的去找，才蒐集到許多物種。

透過事先尋找螞蟻分布的方式，可以知道大概有哪些物種出現於附近環境，在交配季節時就能在該處找尋到相同物種。

挖掘採集的缺點與影響

若是用挖掘或暴力方式將野外的螞蟻帶回將會有以下缺點及影響：

1. 螞蟻住的地方通常不會顯見，因此非常不容易翻找，就算找到了也難以採集，過程不會多輕鬆，效益極低。

2. 採集過程中會傷害到螞蟻、卵幼及其他相同居住在這裡的生物，若是挖傷或挖死了蟻后，族群就會無法再繼續發展。

3. 過程中若找不到蟻后，帶回的族群就無法發展，也不具意義。

4. 就算順利找到蟻后，族群因破壞需要重新平衡適應，經常因大量的工蟻或卵幼蟲減少失衡而逐漸滅巢。

5. 採集的族群不知道年紀，也很有可能採集到快要結束的族群。

6. 無法體會從零開始的成就感，以及新生群落的特殊行為。

以上是使用挖掘帶回（或購買）野外族群的缺點，因此會建議從新后培育開始，除了不會破壞生態以外，也帶來更多的成就感。

婚飛之前雌蟻會在工蟻群的護衛下慢慢靠近出入口，因此可以找尋主巢出入口是否有看到交配階級的蹤跡。

在春夏季夜間前往環境較優的光源底下尋找新后蹤跡，牠們在婚飛過後會開始尋找適合的地方躲藏。

除了地面還可以找找路燈底下及光源附近的植物，因為有時蟻后飛累了會降落在附近。

找到蟻后後可以使用比蟻后大的容器將牠引導至容器中，並小心地將蓋子蓋上。

Point

採集螞蟻注意事項：

1. 不同物種有不同的婚飛季節、時間與方式，每個物種的新后採集方式不盡相同。

2. 若要針對特定物種進行採集，必須先找尋該物種的棲息地，並了解該物種的婚飛時間是早上還是傍晚，以採取不同的採集策略。

3. 由於每年氣候狀況不定，因此並無法確切得知婚飛日期，只能透過勤勞的探查與尋找。

4. 傍晚採集時間建議七點後為佳，避免新后尚未交配就被採集。

5. 從行為可以大致判斷個體是否交配過，像是已交配的個體通常會脫下翅膀，並開始尋找棲息地。

6. 不過度採集，僅抓自己需要的，雖然環境未受破壞下族群狀態通常都已達飽和程度，但這樣可以讓剩下的蟻后能夠繼續創立新的族群。

新后的培育方式

通常幸運蒐集到新后之後，我們會直接使用玻璃試管製作成蟻巢來飼養（不建議使用塑膠試管，螞蟻較不喜歡），有少數物種無法使用試管飼養而會選擇其他方式。使用玻璃試管的好處在於透明度高且可以長期提供溼度，由於新后敏感度較高，因此程度越少的打擾越好，而穩定且不會需要維護的溼度提供就是重要因素，在玻璃試管的選擇上，建議依照螞蟻尺寸進行適合口徑的選擇，以免空間過大或過小；另外，通常在看適當口徑的方式不是看螞蟻長度，而是看粗度。

●如何製作培養新后的試管巢

準備工具：
水瓶裝滿飲用水、鑷子、
玻璃試管、水族過濾棉
（或醫療棉花）

加入適量的水在試管中（約試管 1/3）。

Step 2

將大於試管管徑的過濾棉（或棉花）塞入試管中，至水位距離棉花頂端 5mm 左右的高度即可。

Point

注意，玻璃試管若過度施力可能導致破裂，務必小心使用。另外，塞得太深會使水分溢出影響螞蟻，要非常注意。

Step 3

準備塞住試管口的過濾棉（或棉花），將蟻后移入後塞住管口避免蟻后逃脫。

Point

若棉花過小或塞得過鬆可能導致鬆脫，使蟻后跑走。注意試管的放置，避免滾動或摔破。

新后的培養上越少打擾越好，建議出幼蟲後 3～5 天再做一次餵食。在野外，蟻后都是等到工蟻出生後才外出覓食，這段時間其實長達一個月左右甚至更久，而人工飼養餵食的目的除了觀察螞蟻是否順利活著外，餵食可以增加蟻后的存活率，並使幼蟲成長速度加快。另外，若能完全遮黑避免震動，可讓新后越安心。

試管的安置及餵食方式

由於試管是圓形，很容易滾動，導致裡面的螞蟻跟著 Rock and Roll，因此必須固定試管，可以自行 DIY 使試管固定，也可以使用試管架或試管吸盤夾等物品來協助試管的固定。

在餵食上，要趁螞蟻沒有在管口時緩緩打開棉花，滴入調配好的液體食物或者在接近管口位置放入小塊水果，切記液體不可過量，避免流動泡到卵幼蟲或導致螞蟻溺死，會大幅降低培養成功率，餵食量上以蟻后頭部大小的量即可，出工後再增加至工蟻腹部大小總和的量，並視進食狀況自行調整。在試管階段，只要螞蟻不會一開棉花就衝出來，即可繼續在試管中飼養。

可使用試管架避免試管滾動驚嚇到裡面的螞蟻。

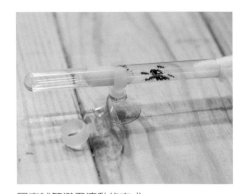

固定試管避免滾動的方式。

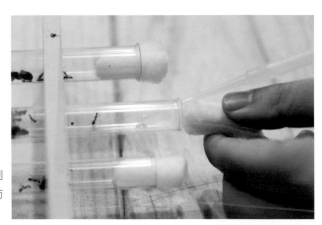

不要太深入以免打擾到螞蟻，另一方面也能方便清潔過量的食物。

螞蟻的入巢與移巢

蒐集到螞蟻後，我們必須依照物種習性及群落大小給予適當維護，首先要選擇適合的蟻巢，除了材質上，蟻巢的空間大小也是另一個重點，在每個階段都有不同的飼養維護方式，但是比較需要特別注意的就只有在初期階段，因為族群在初期階段敏感度極高，隨著工蟻越多，環境控制及維護、適應能力越強，加上我們都是從初期階段飼養，因此這次說明主軸會放在初期階段上。

每一個物種在不同族群大小狀況下有不同的巢體空間大小容忍度，每一個群落大小對於蟻巢的環境控制能力也不盡相同，若族群太小，就給予過大的巢，會對族群造成影響，像是覓食距離拉長導致覓食成功率下降；環境維護因工蟻數不足而導致其他空間被當成垃圾區，使得巢內發霉無法清理，都是對族群的影響，最重要的是，螞蟻無法安穩地在巢內居住，容易使族群出問題而滅巢，因此給予適當

空間大小的蟻巢非常重要。

初步判斷蟻巢空間適不適合的方式，就是觀察所有螞蟻進去蟻巢後，大概占巢室多少空間，建議螞蟻量在現有巢範圍 1/3 ～ 1/6 之間較為理想，當族群越大越成熟，就能容忍越大的未使用空間，當然也因為越大族群的卵幼量、族群成長量更大，所以要保留更大的未使用空間以便族群擴充；相反的，族群越小，就不能保留過大的未使用空間，才能使螞蟻相對安心並避免工蟻少的時候產生垃圾丟棄在未使用空間的問題。

如何將試管中
培育的螞蟻族群移入蟻巢？

利用轉接頭以及塑膠軟管相連，連接到蟻巢保留的擴接口，即可完成串接，再透過蟻巢的溼度維護後，遮黑新的蟻巢並將試管保持在光源下（也可以用光源照射），使螞蟻探索新的環境後搬移到新家去。

如何判斷蟻巢空間不足
及後續處理辦法

其實螞蟻在成長速度上並非那麼快，養得好狀況下出生率才會大於死亡率。通常螞蟻族群增加，至容納不下整個蟻群會有一些特別反應，比如說住到餵食區或者已經餵飽了，環境也沒問題卻還是一直在餵食區爬找，就是代表巢的空間不足了，這時可有下列做法：

1. **擴充現有空間**：對於野外的螞蟻來說，像是居住在土壤裡的螞蟻，若居住空間不夠大，就是將巢築的更大。人工飼養狀況下則是再拿另一個蟻巢與原本的蟻巢巢穴相連做擴充，並保留原有的蟻巢。

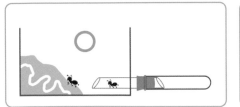 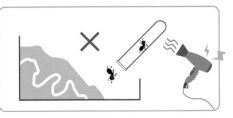

移巢要讓螞蟻自行搬家，千萬不可暴力倒入或使用吹風機等強迫螞蟻遷入，避免螞蟻適應不良或者在過程中受傷、死亡。

2. **搬家**：族群直接遷移至其他地方築巢，對於野外的螞蟻來說通常是原有居住環境被破壞或無法居住，如淹水等，才會進行搬家。人工飼養狀況下就是將舊巢與新巢連接後，新巢維持螞蟻需要的環境並遮黑，舊巢不予理會甚至照光（以非 LED 的光源效果較佳，但要注意會不會有過熱問題產生），就能促使群落搬移至新家，通常更換一個更大的蟻巢時才會採取這種作法。

3. **分巢**：部分物種在野外會有分巢的狀況，如居住在倒木朽木的物種，因為木頭尺寸是固定的，因此若族群量已大到木頭無法居住，牠們就會另尋一根木頭，然後帶一批個體過去居住，形成分巢的結果。人工飼養狀況下，若蟻巢的連接必須使螞蟻離巢到餵食區，才能到另一個蟻巢，即所謂的分巢狀況。然而並非所有螞蟻都喜歡這種方式，尤其是族群小的時候。

影響移巢成功率
及速度的因素

　　若人類要搬家，正常情況下就是因爲有更好的居住空間，螞蟻當然也是如此，若牠們現況下環境良好，當然就不會產生想要搬家的意願，因此「提供一個適當良好的環境」以及「在不影響螞蟻安全的狀況下讓螞蟻產生搬家意願」就是影響移巢成功率及速度的主要因素。若提供的新環境條件越優良，螞蟻本身因爲環境因素產生搬家意願，則搬家速度就越快，注意千萬不要使用強迫方式讓螞蟻搬家，避免不良後遺症產生，像是適應不良

或者強硬過程中傷害到螞蟻致使其死亡。

　　另外，工蟻數量越多，探索環境的速度也會越快，當然也就加快了搬家速度；然而群落越小的搬家意願就不高，因爲族群敏感度高且膽小。此外，天氣也是影響螞蟻搬家意願跟速度的因素，因爲螞蟻知曉天氣狀況中，溫度與溼度的變化，當溫度越適合螞蟻活動，牠們就會越活躍，積極地探索環境與搬家；而溼度會間接影響溫度，若遇大雨，那麼搬家意願也就稍微降低。

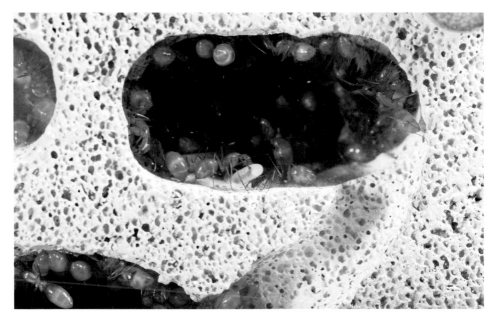

螞蟻移巢的時間長短不一定，有時半小時內就能完成，但也有花到一、兩個月時間的狀況。

螞蟻餵食方式與注意事項

很多人以為養螞蟻只要隨便丟些糖果餅乾就好，其實飼養螞蟻跟養其他生物一樣，必須了解物種食性，以給予正確且適量的食物。舉例來說，若您飼養的是鸚鵡，則必須給予種子；若飼養的是老鷹，則必須給予生肉；若飼養的是麻雀，那麼牠就什麼都吃，因此了解您所飼養物種的攝食種類，是飼養前必須先清楚了解的。

基本上，我們有開發專用飼料，除飼料外，會給予的最佳食物有水果、蜂蜜水、糖水、人工飼養的昆蟲。主要依據螞蟻的食性，雜食偏素食的螞蟻就給水果、蜂蜜水、糖水當作主食，偶爾會提供剛弄死的人工飼養昆蟲以補充蛋白質及微量元素（可以夾死或冷凍）；雜食偏肉食以及純肉食的物種則給予人工飼養昆蟲當作主食；純雜食性物種，則什麼都吃。

對於螞蟻在蛋白質的補充上除了昆蟲以外，也可以嘗試給予適量雞肉絲、魚肉、蝦肉、熟蛋黃混糖水等來補充，但是對於昆蟲來說最理想的蛋白質還是以昆蟲為主，因為蛋白質顆粒大小不同，吸收率跟廢物產生率也不同。

另外，為什麼要強調人工飼養的昆蟲。因為若隨便採集野外或居家的昆蟲，除不知道本身有沒有毒性外，是否被有毒物污染也不得而知，若投食有受污染或具毒性的個體給蟻群後，蟻群會因此而死亡，就好比我們不吃含重金屬的魚類一樣，會生物累積到身上，所以千萬不要隨便打死家

餵食螞蟻的水果除了鳳梨以外，其餘越甜越多汁的水果螞蟻越喜歡。然而，要捨棄果皮或農藥較多部位，避免螞蟻食用後死亡。螞蟻進食鳳梨導致死亡的確切原因目前還不得而知，不過推測應與鳳梨酵素有很大關聯。

中的蚊子、蟑螂來餵食螞蟻，這對蟻群來說是很危險的。人工飼養的昆蟲，除了完全避免毒性問題，還能藉由投食營養的餌料讓這些飼料昆蟲更加營養，通常建議人工飼養的昆蟲有櫻桃蟑螂、麵包蟲、針頭蟋蟀，其他不是太硬就是太大。

在餵食上，建議觀察族群大小與進食狀況來判斷給予量是否足夠，一旦不足，必須再補上，但若過量，就會浪費，且必須在食物腐敗前清理乾淨，否則會發臭、發霉，尤其是昆蟲，因為螞蟻會將固體食物搬回巢穴，只要吃不完丟在巢穴中就會發霉，因此固體食物的投放量要注意，可依照所有螞蟻腹部大小總和量給予，並透過觀察每次投食前螞蟻腹部食物存量以及最後結果來調整。

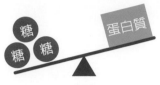

雜食偏素食的物種對於糖類與蛋白質的需求比例大約是 3:1

控制適當的餵食頻率。

餵食時機可從螞蟻的覓食行為及其腹部大小判斷，若螞蟻有覓食行為正在進行，也就是爬出來餵食區閒晃，即代表正在找食物，若外出的隻數越多，代表需求越大、飢餓程度越高；另外腹部大小也是判斷依據，若每隻個體的腹部都是鼓脹的，也都待在巢內，則代表這個族群已經吃飽在家撐著休息，但如果有部分螞蟻的腹部已經回到正常大小，螞蟻就會開始覓食，也就可以開始投食了。

螞蟻沒辦法將昆蟲立即食用完畢，因此會搬運回巢，餵食時建議要適量。

大部分偏素食的物種其腹部都有嗉囊，可攜帶、儲存食物，從這裡能看出鼓脹的外表，甚至食用的液體顏色，因此可作為餵食狀況的判斷。

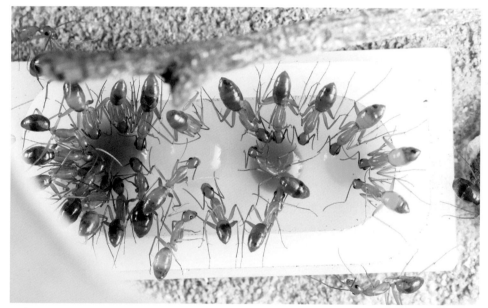

有嗉囊的螞蟻可透過腹部看到進食狀況外，體色越淺的物種越能看到所攝食的食物顏色。（甜蜜巨山蟻）

餵食液體食物時建議可使用棉花或將棉花棒的頭取下後，吸附餵食液體，避免螞蟻因甜液的黏性及表面張力而溺死。

蟻並不像貓狗一樣，放置食物後就會馬上圍過來吃（雖然有些大族群會固定在餵食盆上等待），因為牠們會自行安排覓食時段，且族群小的時候不見得能看到牠們馬上覓食，有可能是在你沒有觀察到的時段，所以觀察腹部會比較準確知道螞蟻的進食狀況。我們必須定期給予食物，以讓螞蟻在外出覓食的時間點能夠找到食物。若工蟻外出覓食找不到食物或食物已腐敗，就會回巢等待下次覓食，因而減少覓食成功率。這情況會影響族群的成長速度，若每次螞蟻外出都有食物吃，且營養均勻，那麼蟻后產量及幼蟲成長速度就會提高，反之則會維持該食物供應量下的成長速度。

除此之外，季節也會影響螞蟻覓食頻率，當天氣越熱，螞蟻的活動力越高，飢餓速度就會加快；反之，若天氣越冷，則螞蟻會減低活動及代謝，使其飢餓頻率下降影響覓食頻率。以新生族群來說，一周視季節與條件而定，大約餵食 1 ～ 2 次即可。

若排除螞蟻個體差異，當照顧越好、營養越均衡，螞蟻的成長速度就會越快，在出生率大於死亡率狀況下，族群就會逐漸成長，反之，若不慎致使螞蟻死傷、逃逸或食物缺乏、餵食錯誤食物、溼度不正確等狀況，螞蟻就無法順利成長，而讓族群走向滅巢結局。也可觀察蟻巢含水與乾燥時顏色差異進行判斷蟻巢本身的含水率，通常含水材質呈較深色，而越乾則呈較淺色。

進食中的台北巨山蟻工蟻

發現蟑螂大餐的臭巨山蟻們

螞蟻飼養環境
維護與注意事項

螞蟻飼養環境中，空氣裡不可具有對昆蟲有害的氣體，如蚊香、殺蟲劑、芳香劑、香水等濃烈氣味，甚至是家裡寵物使用的除蚤藥劑都要避開，因為這些會直接或間接致使螞蟻死亡。另外也要特別注意環境溼度，由於螞蟻多居住在森林底層、土壤裡等環境較潮溼的地方，再加上螞蟻為節肢動物，因此環境溼度是牠們取得水分的主要來源，節肢動物會透過關節間的氣孔薄膜，進行空氣交換，而溼度也是透過薄膜進行通透，一旦體內溼度高於外部，就可能導致乾死，因此維護螞蟻居住環境溼度是一件非常重要的事。

當物種原始棲息地在溼度較高的森林底層時，我們給予的環境溼度就要越高；反之，若生存在乾燥環境中，就不宜給予過高的溼度。但在我們使用的材料上，無法精確測量該材料當下的溼度，所以並非使用溼度計進行測量，而是經由觀察螞蟻的行為去判斷牠們對溼度的需求。我會建議在對巢體加水維持溼度的過程中，以固定點加水的方式去觀察螞蟻對滴水後的行為變化，若螞蟻因為加水後靠近加水處，就是因為整體巢穴溼度較低，才會靠近溼度的位置；反之，若因為加水後遠離加水處，或離開巢區往餵食區，就表示給的量太多、太溼而導致遠離。

避免有害氣體

避免摔落

不可日晒

定期保溼

另外，螞蟻平常都居住在暗處，牠們能夠辨識明暗度，而大部分的掠食者仰賴視覺進行捕捉，螞蟻們知道一旦暴露光亮處，就有可能被掠食者看到，因此螞蟻通常會棲息在暗處，在飼養狀況下若保持蟻巢內部黑暗對螞蟻相對比較好，螞蟻們比較安心。然而我們要進行觀察，若一直遮黑根本看不到蟻巢內部，因此有幾種作法提供給大家作選擇：

一、**完全遮蔽**：使用不透光紙板或其他遮蔽物完全遮黑對螞蟻來說是最好的，但就無法觀察巢內狀況，掀開的同時也會產生震動及光線變化，對螞蟻影響更大，因此僅建議不常觀察或是新后使用。

二、**使用紅色玻璃紙**：由於螞蟻無法辨識紅色光線，因此可使用紅色玻璃紙將巢面貼住，不過觀察起來也沒那麼清楚，加上玻璃紙會產生皺摺，但若可以接受算是其次的做法。

三、**不遮黑但放置背光處**：若想要經常觀察的人，我們會建議將蟻巢面放置背光位置，因為背光加上蟻巢的深度會產生陰影處，螞蟻會自行選擇待在陰影處，且這樣的光源是穩定的，也能避免掀開

的震動，所以普遍建議這樣的模式進行觀察。

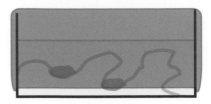

建議放置陰暗處或遮黑飼養。

最後，在環境上還要注意黴菌。黴菌的出現會影響螞蟻健康，若巢穴中有大量黴菌增長，族群就有可能生病，因此，投食的量必須恰當，並且給予正確的食物，以免螞蟻堆積食物在巢內導致發霉狀況發生，進而影響健康。若發現有微量發霉其實也不用過度擔心，一旦發霉本體沒有養分時，黴菌自然就無法增長，但若有嚴重發霉狀況，就會建議立即協助螞蟻搬家。

螞蟻飼養上，我們可以觀察到社會性昆蟲獨有的階級劃分、工作劃分與區域劃分，透過觀察能夠知道每一隻個體所擔任的工作內容以及互動行為，比如說工蟻進食行為、互相餵食、工蟻照料卵幼繭、工蟻照顧餵食蟻后、蟻后產卵、幼蟲進食、幼蟲結繭、工蟻築巢、工蟻清理垃圾、清理屍體、

螞蟻排泄、螞蟻搬家遷移等等，這些行為大部分都是在野外無法清楚觀察到的，必須透過飼養才能一覽全貌。

大部分螞蟻行為是在巢內，野外無法看到巢內的樣子，因此透過飼養，螞蟻生活點滴一覽無遺。

Point

判斷族群是否正常健康的重點

1. 正常覓食、進食，腹部飽滿。

2. 族群會安穩的在蟻巢中靜止不動（特別是蟻后），當有需求或工作時才會有螞蟻動作或外出，族群越大活動量越頻繁，不過當離巢的螞蟻越多代表需求量越大，因此必須了解是哪方面的需求後盡快處理。

3. 健康的族群個體壽命會遠大於卵到成蟲的時間，因此出生率會大於死亡率，數量才會呈等比級數增加。

4. 大部分的物種在四季都會至少有一個階段的非成蟲期（卵、幼蟲、繭），數量也要是合理範圍。

5. 沒有異常死亡，如短時間的大量死亡、或者連鎖性的死亡前有出現無力、抽搐等狀態。

6. 沒有任何過度行為，如重複攀爬想離開、不安穩的一直跑來跑去等。

台灣常見飼養物種介紹

並非所有物種都適合飼養，考量物種敏感度、適應性等因素，都會影響到飼養難易度，因此我們挑選幾種較為常見且容易飼養的對象進行說明，主要都是巨山蟻屬的物種，因為這個蟻屬的物種習性及特性較適合。每一種螞蟻都有適合牠的棲息環境，也會演化出屬於這個環境的特殊外型、能力與習性，因此我們要先對牠們有基本了解，在飼養觀察上才會更加有意義。

居住在草原地形的螞蟻，身體普遍較粗短、腳較短，身體呈大自然色系，較能融入地表不複雜的草原環境中，跑速較慢，工蟻通常較小，以量取勝，具體型小成長快速等優點。特化工蟻出的時間點會較早，且隨著族群成長會有明顯的體型分化差異。體表較少體毛，通常呈光滑或金屬光澤，物種普遍對光線及震動敏感度較高。

白疏巨山蟻
Camponotus albosparsus

分　　布	低海拔草原	蟻 后 制	單后制		
巢　　形	土巢	適 用 巢	石膏 / 加氣磚 / 試管 / 土巢		
性　　格	膽小	適 應 力	良好	規　　模	成熟數千
採　　集	容易	繁 殖 力	快速	飼　　育	★
溫 溼 度	溼度容忍值廣	食　　性	雜質偏素食		
武　　器	大顎 / 蟻酸	蟻　　后	約 10mm		
工　　蟻	約 3.5～5.5mm	兵　　蟻	約 4.5～8.5mm		
爬 行 力	可攀爬光滑表面 / 移動速度稍快				
特　　色	蟻后頭部尾端、胸部、腹部前端呈褐色，其他略呈黑色。腹部有明顯體毛，足部淡褐色；工蟻、兵蟻腹部有明顯四點淡褐色斑點是最大特色。				

白疏巨山蟻分布廣泛，覓食時個體間距不會太廣，且每隻工兵蟻在警戒時會舉起腹部，於適當時機分泌蟻酸，因此很容易被誤認為舉尾家蟻屬的螞蟻，此外，牠還會震動身體威嚇驅趕威脅者，有點天然呆的可愛。

本種為適合新手的入門蟻種，由於白疏巨山蟻為典型草原地形螞蟻，成長速度極快，飼養起來很有成就感。蟻巢選擇上注意不宜過大，四季無須控溫。

大黑巨山蟻
Camponotus friedae

分　布	低海拔草原	蟻后制	單后制	
巢　形	土巢	適用巢	石膏 / 加氣磚 / 試管 / 土巢	
性　格	膽小但防衛兇猛	適應力	良好　　規　模	成熟數千
採　集	困難	繁殖力	良好　　飼　育	★
溫溼度	溫度廣，但溼度不宜過高	食　性	雜質偏素食	
武　器	大顎 / 蟻酸	蟻　后	約 15mm	
工　蟻	約 3.5～8mm	兵　蟻	約 6～15mm	
爬行力	可攀爬光滑表面 / 移動速度普通			
特　色	體色呈金屬光亮黑，觸角、足部光源下呈紅褐色，被毛褐紅色或棕紅色，頭部呈三角形，後頭緣直，唇基前緣平直，胸部弓形，腹部長卵形。			

　　體型中大型的巨山蟻主要棲息在土質堅硬的草原地形，因此不易挖掘，新后也因婚飛時間點不同而採集困難。兵蟻咬合力強，大型兵蟻甚至與蟻后差不多大，保護主巢時會有明顯攻擊行為。

　　草原地形螞蟻採用策略讓新生工蟻體型很小，產量大，成長速度也較快，因此想要群落快速成長，那牠是一個不錯的選擇。

　　由於工蟻體型小，餵食液體食物時要小心避免將牠溺死，此外，由於新生群落體型的關係，選擇蟻巢上巢室不宜過大，也要注意蟻后能否通過通道居住。

希氏巨山蟻

Camponotus siemsseni

分　　布	低海拔草原	蟻后制	單后制
巢　　形	土巢	適用巢	石膏 / 加氣磚 / 試管 / 土巢
性　　格	積極且防衛兇猛	適應力	良好　　規　模	成熟數千
採　　集	困難	繁殖力	快速　　飼　育	★★
溫溼度	溫溼度容忍值廣	食　性	雜質偏素食
武　　器	大顎 / 蟻酸	蟻　后	約 16～18mm
工　　蟻	約 4～9mm	兵　蟻	約 6～18mm
爬行力	可攀爬光滑表面 / 移動速度稍快		
特　　色	體色呈金屬光亮黑，體毛分布較少；觸角、足部光源下呈栗紅色，胸部呈弓形，腹部高且凸，就像是放大版的大黑巨山蟻。另外，特化工蟻與一般工蟻懸殊的體型差異也是一大特色。		

　　為台灣體型頗大的巨山蟻，主要分布地形的土壤較為堅硬，且巢穴廣深，因此挖掘群落不易，只能靠採集新后的方式收集，然而該物種婚飛時間於傍晚前就會結束，因此無法在夜間藉由趨光進行採集。

　　此種螞蟻遇到危險時會舉起大顎進行威嚇及攻擊。兵蟻咬合力強，大型兵蟻體型與蟻后相當，但頭部與大顎比蟻后大。常見於白天活動覓食，覓食個體間距長，範圍也廣。

森林型態螞蟻

　　居住在森林環境的螞蟻，普遍身體較細長、腳較長，身體顏色相對鮮豔，因為森林植被顏色豐富鮮豔，但攀爬能力強、跑速較快，工蟻通常較大，以質取勝，以大體型攜帶食物量較多為優勢，但也因此成長速度較慢，且特化工蟻會較大規模後才慢慢出現。體表因溼度較高體毛較豐富。

高雄巨山蟻
Camponotus irritans

分　　布	低海拔原始林	蟻 后 制	單后制		
巢　　形	朽木巢	適 用 巢	石膏／加氣磚／試管		
性　　格	溫和膽小	適 應 力	良好	規　　模	成熟數千
採　　集	中等	繁 殖 力	普通	飼　　育	★
溫 溼 度	溼度容忍值廣	食　　性	雜質偏素食		
武　　器	大顎／蟻酸	蟻　　后	約 10 ～ 12mm		
工　　蟻	約 5 ～ 8mm	兵　　蟻	約 7 ～ 10mm		
爬 行 力	可攀爬光滑表面／移動速度稍快				
特　　色	體色呈深褐色，胸部、足部、腹柄節與腹前緣顏色較淺，蟻后後腦勺呈凹狀，工蟻體型較修長，頭部較橢圓。				

　　常見分布於台灣中南部，在低海拔海岸林築朽木巢，因分巢眾多以致採集不易。為夜間行動因此不易被發現；個性膽小，通常以逃跑後靜止不動作為避敵方式。移動速度快，體壁也較柔軟，外形、體型與甜蜜巨山蟻極為相似。

　　該物種飼養上與其他巨山蟻差異不大，且適應力佳，飼養容易。

臭巨山蟻

Camponotus habereri

分　　布	低海拔森林	蟻 后 制	單后制	
巢　　形	朽木巢 / 樹巢 / 現成管狀物	適 用 巢	石膏 / 加氣磚 / 試管	
性　　格	積極且防衛兇猛	適 應 力	良好	規　模　成熟數千
採　　集	中等	繁 殖 力	中等	飼　育　★★
溫 溼 度	溫溼度容忍值廣	食　　性	雜質偏素食	
武　　器	大顎 / 蟻酸	蟻　　后	約 15 ～ 16mm	
工　　蟻	約 6 ～ 10mm	兵　　蟻	約 8 ～ 15mm	
爬 行 力	可攀爬光滑表面 / 移動速度稍快			
特　　色	腹部是橘色、米白色、黑色相間。工蟻細長，頭及顎部明顯較小，大工蟻頭部壯碩，顎較大。			

　　為台灣特有種，體色極為特殊美麗。行動敏捷，遇到危險會快速逃離後靜止不動融入環境中，或以脫離方式避敵。若巢穴受到威脅，會退避或整巢螞蟻湧出，以拉扯性猛咬和蟻酸攻擊。全天皆有機會觀察到覓食行為，但移巢時會以夜間為主，藉此避開掠食者的注意。

　　這種森林系螞蟻初期時，工蟻體型比草原系來得大，且顏色較為漂亮，但也因此生長時間較長，以致群落成長速度不快。飼養時溼度不宜過高，維持正常足量即可。

甜蜜巨山蟻

Camponotus variegatus dulcis

分　　布	熱帶低海拔原始林		蟻 后 制	單后制			
巢　　形	朽木巢		適 用 巢	石膏 / 加氣磚 / 試管			
性　　格	溫和膽小		適 應 力	良好	規　　模	成熟數千	
採　　集	困難		繁 殖 力	普通	飼　　育	★	
溫 溼 度	溫溼度容忍值廣		食　　性	雜質偏素食			
武　　器	大顎 / 蟻酸		蟻　　后	約 10 ～ 12mm			
工　　蟻	約 5 ～ 8mm		兵　　蟻	約 7 ～ 10mm			
爬 行 力	可攀爬光滑表面 / 移動速度稍快						
特　　色	工蟻體色為橘黃色，但兵蟻與蟻后頭部顏色較深，是少見美麗的非大自然色。工蟻體型較修長，頭部較橢圓。						

　　台灣南部、東部及外島有分布記錄，數量極為稀少。通常於夜間活動因此不易被發現。在低海拔海岸林築朽木巢，因分巢眾多以致採集群落不易，也少見婚飛。工蟻腹部有乳白色液體，或許是附近植物所分泌。個性膽小溫和，通常以脫落、逃跑後靜止不動為避敵方式。

　　該物種飼養容易，建議溼度不宜過高，溫度則不需特別控制。

台北巨山蟻
Camponotus formosensis

分　布	中海拔原始林	蟻后制	單后制		
巢　形	活樹洞巢	適用巢	石膏／加氣磚		
性　格	膽小但防禦兇猛	適應力	較差	規　模	成熟達千
採　集	困難	繁殖力	緩慢	飼　育	★★★★
溫溼度	溫溼度變化不可太大	食　性	雜質偏素食		
武　器	大顎／蟻酸	蟻　后	約 18～21mm		
工　蟻	約 8～12mm	兵　蟻	約 12～20mm		
爬行力	可攀爬光滑表面／移動速度稍快				
特　色	體黑色，全身布滿體毛，使腹部看起來具金屬光圈。大型兵蟻容易被誤認為是棘山蟻，甚至體型與蟻后差不多大，是台灣目前已知最大型的巨山蟻。				

　　住在活樹的樹洞裡，多於夜間出來覓食，覓食範圍極廣。幾乎不可能採集群落，僅能靠採集婚飛的蟻后。受威脅時會以腹部敲擊地面發出聲音威嚇。

　　為難以飼養的物種，由於是中海拔的大型蟻，因此溫度不可過高，新后的淘汰率高，不宜經常打擾。這種大型巨山蟻容易受驚嚇噴蟻酸後被嗆死，或者飼養到一半工蟻都正常，但蟻后卻突然暴斃。

　　蟻巢選擇上要夠大，且巢室與通道要便於蟻后移動，也不能讓牠們受到飢餓，不然失敗率很高，此外，飼養環境必須密閉不能太過通風，否則容易滅巢。

泰勒巨山蟻

Camponotus barbatus taylori

分　　布	低海拔原始林	蟻 后 制	單后制	
巢　　形	土巢	適 用 巢	石膏／加氣磚／試管／土巢	
性　　格	防衛兇猛	適 應 力	良好	規　　模　成熟數千
採　　集	困難	繁 殖 力	良好	飼　　育　★★
溫 溼 度	溫度容忍值廣、溼度低	食　　性	雜質偏素食	
武　　器	大顎／蟻酸	蟻　　后	約 10 ～ 12mm	
工　　蟻	約 3 ～ 7mm	兵　　蟻	約 6 ～ 10mm	
爬 行 力	可攀爬光滑表面／移動速度普通			
特　　色	體呈金屬光亮黑，有點類似大黑巨山蟻，但身形較為修長。			

　　此種螞蟻少有觀察記錄，屬於土居型螞蟻，覓食範圍廣且通常較零散的外出。

　　飼養上維持一般室溫即可，唯一需特別注意的是因爲工蟻小，餵食液體食物時要小心別將牠溺死。新生群落選擇蟻巢時，巢室不宜過大，也要注意蟻后能否通過通道居住。

渥氏棘山蟻
Polyrhachis wolfi

分　　布	低海拔森林區	蟻 后 制	單后制	
巢　　形	木巢 / 土巢 / 竹巢	適 用 巢	石膏 / 加氣磚 / 木 / 竹	
性　　格	防禦兇猛	適 應 力	良好　　規　模	成熟數百
採　　集	困難	繁 殖 力	緩慢　　飼　育	★★
溫 溼 度	溫溼度容忍值廣	食　　性	雜質偏素食	
武　　器	大顎 / 蟻酸	蟻　　后	約 11 ～ 12mm	
工　　蟻	約 6 ～ 11mm	兵　　蟻	無兵蟻	
爬 行 力	可攀爬光滑表面 / 移動速度稍快			
特　　色	體呈黑色，體毛明顯，腹部具銀色環狀，胸部尾端接近腹柄節處有棘刺。			

　　本種覓食範圍廣泛，通常單隻行動且間隔遠，因個體大所以費洛蒙殘存較久，不容易跟隨牠們找到主巢。屬半寄居型，棲息於朽木或竹子、木頭下。

　　新后培養難度高，常落翅後兩、三個月都不產卵，在野外屬於共同築巢行為，為山區常見物種。建議嘗試多后培育，然因體型較大，且沒有兵蟻，成長速度緩慢，所以較少人飼養。

後 記

感謝協助我完成此書的所有人，以及一路上一直幫助我、支持我的大家，才能讓螞蟻帝國走到這階段，其實這段過程真的不容易，因為在一個熱愛者及企業經營者之間，會有很多的衝突必須選邊站，而我堅持選了熱愛者的區塊，再加上我必須改變大眾對於螞蟻的刻板印象，還要讓大家接受甚至愛上這樣一般人無法理解的事，以致遭遇不少掙扎跟挫敗，不過也因為我是以熱愛者的態度堅持，才得以走到現在。從我成立螞蟻帝國以前，就已經把目標與夢想設立好，以成立一個世界唯一的螞蟻樂園為最終夢想，這個樂園全部都圍繞著螞蟻，除了遊樂設施外，還有螞蟻博物館、展覽館還有餐飲區、販賣部等，是一個充滿寓教於樂的場所，並且我們能夠與各個領域的產、學界進行異業合作，去開發、研究螞蟻相關議題，包含食品營養、醫療保健、仿生學、生態保育、生物防治等各領域，讓螞蟻飼養不只是單純享受觀察的樂趣，而是為了要對螞蟻進行更仔細研究所要做的最基本準備。

最後，給想要進行螞蟻研究的朋友一些基本建議，螞蟻在研究上相對於其他生物來的複雜也困難，最重要的是必須要對螞蟻有基本認識，若無基本認識那麼後續的方向或實驗流程就可能淪為錯誤或無法順利進行，接著要訂定研究主題並蒐集相關資料，再依照主題進行實驗方式的規劃與進行，過程中視實驗情況或觀察進行調整。螞蟻有許多具研究價值的地方，比如說食用上，螞蟻富含氨基酸，並且有著許多生物沒有的蟻酸成分，每種成分又不盡相同，或許某種蟻酸成分能夠解決當今無法解決的事情也不一定；另外，螞蟻判斷天氣變化，甚至比現今高科技氣象預報來的精準，這之間或許也有我們能夠學習效法之處；又或者自身能夠分泌的天然抗生素，解決當今濫用抗生素產生的問題，當然還有許多無法一一列舉的可能性，期待更多人投入螞蟻研究，讓這個世界對螞蟻有更多瞭解。

國家圖書館出版品預行編目 (CIP) 資料

螞蟻飼養與觀察／王秉誠作 -- 初版 . -- 臺中市
：晨星，2018.08
　面；　公分 . --(飼養 & 觀察；7)
ISBN 978-986-443-463-3（平裝）

1. 螞蟻 2. 寵物飼養

437.8　　　107007799

飼養 & 觀察 007

螞蟻飼養與觀察

作者	王秉誠
審定	楊景程
主編	徐惠雅
執行主編	許裕苗
版面設計	許裕偉
圖片設計製作	孫懷義
攝影	黃奕豪、王秉誠、廖智安

創辦人	陳銘民
發行所	晨星出版有限公司
	台中市 407 工業區 30 路 1 號 1 樓
	TEL：04-23595820　FAX：04-23550581
	http://star.morningstar.com.tw
	行政院新聞局局版台業字第 2500 號
法律顧問	陳思成律師
初版	西元 2018 年 08 月 06 日
	西元 2021 年 09 月 23 日（三刷）

讀者專線	TEL：02-23672044 / 04-23595819#230
	FAX：02-23635741 / 04-23595493
	E-mail：service@morningstar.com.tw
網路書店	http://www.morningstar.com.tw
郵政劃撥	15060393（知己圖書股份有限公司）
印刷	上好印刷股份有限公司

定價 380 元
ISBN 978-986-443-463-3

Published by Morning Star Publishing Inc.
Printed in Taiwan

◆ 讀 者 回 函 卡 ◆

以下資料或許太過繁瑣，但卻是我們了解你的唯一途徑，
誠摯期待能與你在下一本書中相逢，讓我們一起從閱讀中尋找樂趣吧！

姓名：_____ 性別：□ 男 □ 女 生日：____ ／ ____ ／ ____

教育程度：_____

職業：□ 學生　　　　□ 教師　　　　□ 內勤職員　　□ 家庭主婦
　　　□ 企業主管　　□ 服務業　　　□ 製造業　　　□ 醫藥護理
　　　□ 軍警　　　　□ 資訊業　　　□ 銷售業務　　□ 其他_____

E-mail：（必填）_____ 聯絡電話：（必填）_____

聯絡地址：（必填）□□□_____

購買書名：螞蟻飼養與觀察

· **誘使你購買此書的原因？**

□ 於 _____ 書店尋找新知時　□ 看 _____ 報時瞄到　□ 受海報或文案吸引

□ 翻閱 _____ 雜誌時　□ 親朋好友拍胸脯保證　□ _____ 電台 DJ 熱情推薦

□ 電子報的新書資訊看起來很有趣　□ 對晨星自然 FB 的分享有興趣　□ 瀏覽晨星網站時看到的

□ 其他編輯萬萬想不到的過程：_____

· **本書中最吸引你的是哪一篇文章或哪一段話呢？**_____

· **你覺得本書在哪些規劃上需要再加強或是改進呢？**

□ 封面設計_____　□ 尺寸規格_____　□ 版面編排_____

□ 字體大小_____　□ 內容_____　□ 文／譯筆_____　□ 其他_____

· **下列出版品中，哪個題材最能引起你的興趣呢？**

台灣自然圖鑑：□植物 □哺乳類 □魚類 □鳥類 □蝴蝶 □昆蟲 □爬蟲類 □其他_____

飼養＆觀察：□植物 □哺乳類 □魚類 □鳥類 □蝴蝶 □昆蟲 □爬蟲類 □其他_____

台灣地圖：□自然 □昆蟲 □兩棲動物 □地形 □人文 □其他_____

自然公園：□自然文學 □環境關懷 □環境議題 □自然觀點 □人物傳記 □其他_____

生態館：□植物生態 □動物生態 □生態攝影 □地形景觀 □其他_____

台灣原住民文學：□史地 □傳記 □宗教祭典 □文化 □傳說 □音樂 □其他_____

自然生活家：□自然風 DIY 手作 □登山 □園藝 □農業 □自然觀察 □其他_____

· **除上述系列外，你還希望編輯們規畫哪些和自然人文題材有關的書籍呢？**_____

· **你最常到哪個通路購買書籍呢？**□博客來 □誠品書店 □金石堂 □其他_____

很高興你選擇了晨星出版社，陪伴你一同享受閱讀及學習的樂趣。只要你將此回函郵寄回本社，
我們將不定期提供最新的出版及優惠訊息給你，謝謝！

若行有餘力，也請不吝賜教，好讓我們可以出版更多更好的書！

· **其他意見：**_____

晨星出版有限公司 編輯群，感謝你！